POINT DE VUE

MATHÉMATIQUE

SÉQUENCE SCIENCES NATURELLES

LE CARNET DE RÉVISION DES CONNAISSANCES

D1500488

Éditions Grand Duc
Groupe Éducalivres inc.
955, rue Bergar, Laval (Québec) H7L 4Z6
Téléphone : 514 334-8466 ■ Télécopie : 514 334-8387
InfoService : 1 800 567-3671

MATHÉMATIQUE

SÉQUENCE SCIENCES NATURELLES

LE CARNET DE RÉVISION
DES CONNAISSANCES

© 2011, **Éditions Grand Duc,** une division du Groupe Éducalivres inc.
955, rue Bergar, Laval (Québec) H7L 4Z6
Téléphone : 514 334-8466 ■ Télécopie : 514 334-8387
www.grandduc.com
Tous droits réservés.

CONCEPTION GRAPHIQUE : Pige communication

Nous reconnaissons l'aide financière du gouvernement du Canada par l'entremise du Fonds du livre du Canada (FLC) pour nos activités d'édition.

Gouvernement du Québec – Programme de crédit d'impôt pour l'édition – Gestion SODEC

CODE PRODUIT 4024
ISBN 978-2-7655-0511-2

Dépôt légal
Bibliothèque et Archives nationales du Québec, 2011
Bibliothèque et Archives Canada, 2011

Imprimé au Canada

1 2 3 4 5 6 7 8 9 0 L 0 9 8 7 6 5 4 3 2 1

Table des matières

Mes connaissances mathématiques

Orientez votre révision en fonction des difficultés que vous éprouvez. Pour vous aider à établir les sujets à revoir en particulier, consultez la grille suivante. Au besoin, consultez les diverses grilles d'autoévaluation remplies au cours de l'année, votre portfolio et votre enseignant ou enseignante.

CONTENUS DE FORMATION	RÉVISION À FAIRE		
	Exercices	Consolidation	Consolidation plus
Arithmétique et algèbre			
Fonction réelle et définie par parties : valeur absolue	5, 6, 7, 8, 9, 10, 11, 12	134, 145	160
Fonction réelle : racine carrée	13, 14, 15, 16, 17, 18, 19, 20, 21, 22, 32	136, 144	161, 166, 167, 169
Fonction réelle : rationnelle	23, 24, 25, 26, 27, 28, 29, 30, 32, 34, 35, 37, 38	135, 143, 146	163, 164, 168
Fonction réelle : exponentielle	39, 40, 41, 42, 43, 44, 45, 46, 47, 54	137, 142	
Fonction réelle : logarithmique	48, 49, 50, 51, 52, 53, 54, 55, 56	141	165
Fonction réelle : sinusoïdale	57, 58, 59, 60, 61, 62, 63, 64, 77	138	158, 159, 162, 166
Fonction réelle : tangente	65, 66, 67, 68, 69, 70, 71, 72, 73, 77	140	
Manipulation d'expressions arithmétiques et algébriques mettant à profit les propriétés des valeurs absolues, des radicaux, des exposants et des logarithmes	5, 7, 12, 19, 32, 42, 43, 45, 46, 48, 51, 52, 54, 55, 56	136, 137, 141, 142, 144, 145	160, 161, 164, 165, 166, 167, 169, 170
Résolution d'équations et d'inéquations à une variable : valeur absolue, racine carrée, rationnelle, exponentielle, logarithmique, trigonométrique	5, 7, 12, 19, 25, 29, 38, 39, 43, 45, 46, 48, 51, 52, 54, 55, 62, 67, 68, 69, 72, 73, 77	135, 136, 137, 138, 140, 141, 142, 143, 144, 145	160, 161, 163, 166, 168
Observation, interprétation et description de différentes situations	54	134, 135, 136, 137, 138, 139, 140, 141, 142, 143, 144, 145, 146	158, 159, 160, 161, 162, 163, 164, 165, 166, 167, 168, 169
Modélisation de situations et représentation graphique à l'aide d'un nuage de points	6, 8, 11, 14, 20, 24, 26, 40, 41, 44, 49, 50, 52, 58, 64, 66, 71	135, 136, 138, 140, 141, 143, 144, 145, 146	159, 162, 163

Merci de ne pas photocopier

CONTENU DE FORMATION	RÉVISION À FAIRE		
	Exercices	Consolidation	Consolidation plus
Recherche du type de lien de dépendance, interpolation et extrapolation à l'aide de la courbe la mieux ajustée, avec ou sans soutien technologique	6, 8, 11, 14, 20, 24, 26, 40, 41, 44, 49, 50, 52, 58, 64, 66, 71	135, 136, 138, 140, 141, 143, 144, 145, 146	159, 162, 163
Représentation d'une situation à l'aide d'une fonction réelle : verbalement, algébriquement, graphiquement et à l'aide d'une table de valeurs	15, 54, 72	134, 135, 136, 138, 139, 140, 141, 142, 143, 144, 145, 146, 147	159, 162, 163, 165, 167
Recherche de la règle d'une fonction ou de sa réciproque, selon le contexte	15, 54, 59, 72	135, 136, 138, 139, 140, 141, 142, 143, 144, 145, 146, 147	158, 159, 160, 161, 162, 163, 166, 169, 170
Description des propriétés d'une fonction	5, 9, 10, 13, 16, 17, 18, 21, 22, 23, 27, 28, 39, 42, 43, 47, 48, 51, 52, 53, 57, 61, 62, 63, 69, 70, 71, 73, 77	138, 146	166
Opérations sur les fonctions	30, 31, 32, 33, 34, 35, 36, 37, 38, 77	139, 147	
Système d'inéquations du premier degré à deux variables	1, 2, 3, 4	133	
Optimisation d'une situation en tenant compte de différentes contraintes	1, 2, 3, 4	133	
Représentation à l'aide d'un système d'équations ou d'inéquations	2, 3, 4	133	
Résolution d'un système d'équations ou d'inéquations : algébriquement ou graphique	1, 2, 3, 4	133	
Représentation et interprétation de l'ensemble-solution	1, 2, 3, 4	133	
Choix d'une ou de plusieurs solutions optimales	1, 2, 3, 4	133	
Analyse et interprétation de la ou des solutions, selon le contexte		133	
Système d'inéquations du second degré (en relation avec les coniques)	124, 126	133	160
Géométrie			
Cercle trigonométrique	65, 67, 68, 78, 79, 81, 83		159, 164
Identités trigonométriques	74, 75, 76, 77, 80, 82	150, 157	159, 160, 167

CONTENU DE FORMATION	RÉVISION À FAIRE		
	Exercices	Consolidation	Consolidation plus
Manipulation d'expressions trigonométriques	67, 68, 74, 76, 77, 78, 79, 80, 82	150, 157	160, 164, 167
Développement, réduction ou substitution d'expressions à l'aide d'identités trigonométriques	74, 76, 77, 80, 82	150, 157	
Analyse de situations faisant appel aux concepts d'isométrie, de similitude, de transformation géométrique, de conique et de vecteur	94, 95	148, 149, 151, 152, 153, 154, 155, 156	158, 159, 160, 161, 162, 163, 164, 165, 166, 167, 168, 169
Vecteur : composantes, norme, sens, direction, orientation	84, 87, 92	155, 156	158, 159, 161, 162, 163
Recherche de mesures manquantes		155, 156	158, 160, 161, 162
Opérations sur les vecteurs : propriétés des opérations, addition et soustraction de vecteurs, multiplication d'un vecteur par un scalaire, produit scalaire, angle compris entre deux vecteurs, combinaison linéaire, point de partage	85, 86, 88, 89, 90, 91, 93, 94, 95	153, 154, 155, 156	158, 159, 163
Description à l'aide d'une figure, d'un vecteur ou d'une règle	84, 91	153, 154, 155, 156	161, 162, 163, 164
Conique : parabole, cercle, ellipse et hyperbole centrés à l'origine et parabole translatée	96, 97, 98, 99, 100, 101, 102, 103, 104, 105, 106, 107, 108, 109, 110, 111, 112, 113, 114, 115, 116, 117, 118, 119, 120, 121, 122, 123, 124, 125, 126, 127, 128, 129, 130, 131, 132	148, 149, 151, 152	160, 161, 162, 164, 165, 166, 167, 168, 169
Description des éléments d'une conique : rayon, axe, directrice, sommet, foyer, asymptote, région	99, 100, 101, 105, 109, 113, 115, 116, 117, 118, 120, 121, 125	148, 149, 151, 152	160, 164, 165, 166, 167, 168, 169
Recherche de la règle (sous la forme canonique) d'une conique, de sa région intérieure ou extérieure	96, 98, 103, 104, 107, 108, 111, 112, 116, 119, 122, 123, 125	148, 149, 151, 152	164, 165, 166, 167, 169
Détermination de coordonnées de points d'intersection entre une droite et une conique ou, encore, entre une parabole et une autre conique	124, 126, 127, 128, 129, 130, 131, 132		160

Exercices – Arithmétique et algèbre

Module 1 – L'optimisation

1. Tracez les polygones de contraintes correspondant aux systèmes d'inéquations suivants et déterminez les coordonnées de leurs sommets.

   a) $4x - 2 < 9$
   $2x \geq y$
   $2x + 6 \geq 3y$
   $x \geq 0$
   $y \geq 0$

   b) $4x + 3 \leq 30$
   $2x + 6 > y$
   $2x < 3y$
   $x \geq 0$
   $y \geq 0$

   c) $4x - 3y \leq 36$
   $4x + 6y \leq 3$
   $x \geq 4$

   d) $8x - 7y \geq -84$
   $y < 20$
   $y + 2x < 56$
   $11y \geq x + 18$
   $2y + 5x > 24$

   e) $3x + y \leq 25$
   $2y + 22 \geq 3x$
   $2y + 14 \geq x$
   $9y - 19x \leq -5$

   f) $5y \leq 3x + 36$
   $y + 10x + 14 < 0$
   $y < 4x + 31$
   $8y + 31 \geq x$

2. Un agriculteur doit acheter de l'engrais et a le choix entre deux marques. Un sac de la première marque, qui coûte 20 $, contient 500 g d'azote, 325 g de phosphore et 400 g de potassium. Un sac de la seconde marque, qui coûte 25 $, contient 450 g d'azote, 350 g de phosphore et 250 g de potassium. Pour une de ses cultures, l'agriculteur doit appliquer un minimum de 4,5 kg d'azote et un minimum de 3 kg de potassium. Sachant qu'il ne souhaite pas dépenser plus de 300 $, tracez un polygone de contraintes pour représenter cette situation.

3. Pour financer un voyage en Grèce, des jeunes décident de vendre des suçons en sucre d'orge (au coût de 2 $) et des tablettes de chocolat (au coût de 5 $). La compagnie qui leur fournira ces sucreries impose des contraintes. Elle peut leur fournir :

   - au plus 220 tablettes de chocolat ;
   - au moins 100 suçons de plus que le nombre de tablettes de chocolat, pour des raisons de transport ;
   - au plus, deux fois plus de suçons que de tablettes de chocolat.

   Les jeunes souhaitent faire une commande qui maximisera les profits.

   a) Identifiez les variables de la situation.

   b) Énoncez l'équation représentant le profit (Z) en fonction des deux variables.

   c) Traduisez algébriquement les contraintes de la situation.

   d) Tracez le polygone de contraintes du système d'inéquations linéaires que vous avez trouvé en **b)**.

   e) Trouvez les sommets du polygone de contraintes que vous avez tracé en **d)**.

   f) Déterminez la commande qui permettra de ramasser le plus d'argent possible.

4. Sébastien peint des portraits individuels ou de groupe. L'an prochain, il prévoit peindre au plus 150 œuvres, dont au moins 30 portraits de groupe et au plus 90 portraits individuels. Il a comme objectif de concevoir un nombre de portraits individuels supérieur ou égal au double du nombre de portraits de groupe. Chaque portrait de groupe lui coûte 50 $ à produire, et chaque portrait individuel 20 $. Sébastien veut minimiser ses coûts de production en respectant les contraintes énoncées préalablement.

   a) Identifiez les variables de la situation.

   b) Énoncez l'équation représentant les coûts (Z) en fonction des deux variables.

   c) Traduisez algébriquement les contraintes de la situation.

   d) Tracez le polygone de contraintes du système d'inéquations linéaires que vous avez trouvé en **b)**.

   e) Trouvez les sommets du polygone de contraintes que vous avez tracé en **d)**.

   f) Déterminez le nombre de portraits de groupe et individuels que Sébastien doit produire pour minimiser ses coûts de production.

Module 2 – La fonction valeur absolue

5. Pour chacune des fonctions valeur absolue définies ci-dessous, déterminez le domaine, l'image et les coordonnées des points correspondant aux abscisses à l'origine, à l'ordonnée à l'origine et au sommet.

Équation	Domaine	Image	Abscisse à l'origine	Ordonnée à l'origine	Sommet
a) $f(x) = 10\left\lvert\dfrac{3}{2} - x\right\rvert - 5$					
b) $f(x) = 2\lvert 2x - 3\rvert + 1$					
c) $f(x) = -4\lvert 4 - x\rvert$					
d) $f(x) = -3\lvert 3x + 1\rvert + 11$					
e) $f(x) = -\left\lvert 4 + \dfrac{x}{2}\right\rvert + 3$					
f) $f(x) = 2\lvert 3 - x\rvert + 8$					
g) $f(x) = \dfrac{1}{3}\lvert x - 3\rvert - 6$					
h) $f(x) = 2\lvert 3x - 2\rvert + 15$					

6. Représentez graphiquement chaque fonction valeur absolue ci-dessous.

a) $f(x) = 2\left|3 - \dfrac{x}{3}\right| - 4$

e) $f(x) = 4\left|\dfrac{x+2}{2}\right| - 12$

b) $f(x) = -20\left|2 - x\right| + 9$

f) $f(x) = 10 - \left|4 + x\right|$

c) $f(x) = 9 - 3\left|2x + 1\right|$

g) $f(x) = -3\left|\dfrac{1}{4} - x\right| + 7$

d) $f(x) = -\dfrac{1}{2}\left|1 - x\right| + 8$

h) $f(x) = 15\left|2x + 6\right| - 18$

7. Résolvez les équations et inéquations suivantes.

a) $-\dfrac{2}{3}\left|\dfrac{2x+1}{4}\right| + 4 = 0$

e) $2\left|x - 3\right| + 8 = 20$

b) $-2\left|3x - 1\right| + 1 \le -4$

f) $-\left|2x^2 - x\right| - 3 < -6$

c) $\left|x + 5\right| - 4 = 1 - 2x$

g) $\left|x^2 - 2\right| = 1$

d) $\left|2x - 5\right| \ge 3x$

h) $\left|x^2 - 2x - 3\right| \ge 2$

8. Tracez le graphique des fonctions définies par les équations suivantes.

a) $f(x) = \left|x - 2\right| + 3$

c) $f(x) = -2\left|2x + 4\right| - 1$

b) $f(x) = -\left|x - 1\right| + 2$

d) $f(x) = \dfrac{1}{2}\left|-x + 1\right| + 2$

9. Observez le graphique de la fonction f ci-contre. La règle de cette fonction correspond à une équation de la forme $f(x) = a\left|x - h\right| + k$. Parmi les énoncés suivants, lequel s'applique à cette fonction ?

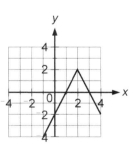

A) $a < 0$ et $h < 0$.

C) $a < 0$ et $k > 0$.

B) $a > 0$ et $h > 0$.

D) $a > 0$ et $k > 0$.

10. Vrai ou faux ?

L'axe de symétrie du graphique de la fonction $f(x) = -5\left|3x - 9\right|$ est la droite d'équation $x = 9$.

---

11. a) Observez le graphique de la fonction f ci-contre.

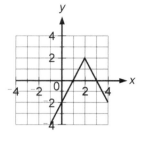

b) Tracez une esquisse des graphiques des fonctions suivantes.

1) $g(x) = -f(x)$

2) $g(x) = f(x + 3)$

3) $g(x) = f(x) + 1$

4) $g(x) = -f(x - 3) + 1$

12. Résolvez les équations suivantes.

a) $5 + |2x + 1| = 17$

c) $2\left|\dfrac{x + 1}{3}\right| + 1 = x - 1$

b) $9x + 10 = 4|x - 4| + 8$

d) $-12x - 6 = -1|x + 4| + 9$

Module 3 – La fonction racine carrée

13. Soit la fonction définie par l'équation $f(x) = -2\sqrt{-2x - 4} + 2$.

Parmi les affirmations suivantes, laquelle est fausse ?

A) Cette fonction a son sommet dans le premier quadrant.

B) Cette fonction possède une asymptote.

C) Cette fonction passe par le point $(0, 0)$.

D) Cette fonction possède un maximum.

14. a) Observez le graphique de la fonction f ci-contre.

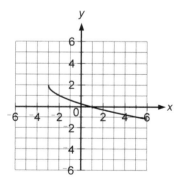

b) Tracez une esquisse des graphiques des fonctions suivantes.

1) $g(x) = -f(x)$

2) $g(x) = f(x - 2) + 3$

3) $g(x) = -f(x + 1) - 2$

4) $g(x) = -f(-x - 2) + 1$

15. Écrivez l'équation associée aux fonctions tracées ci-dessous.

a)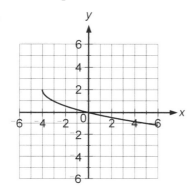

b)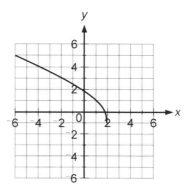

16. Trouvez le domaine et l'image des fonctions suivantes.

a) $f(x) = \sqrt{-x - 1} + 2$

b) $f(x) = -2\sqrt{2x + 4} + 1$

17. Déterminez le domaine, le sommet et le zéro, s'il existe, des fonctions suivantes.

a) $f(x) = 2 - \sqrt{2x - 4}$

b) $f(x) = -2\sqrt{-x + 4}$

c) $f(x) = 1 + \sqrt{2x - 1} - 3$

d) $f(x) = \sqrt{-(3x + 12)} + 1$

18. Déterminez les intervalles de croissance ou de décroissance des fonctions suivantes.

a) $f(x) = 2\sqrt{3x - 5} - 8$

b) $f(x) = -\sqrt{6 - 2x}$

c) $f(x) = -6\sqrt{2(x + 4)} + 7$

d) $f(x) = \dfrac{2}{5}\sqrt{-x + 1} - 3$

e) $f(x) = 7\sqrt{5x - 5}$

f) $f(x) = \sqrt{-3x}$

19. Résolvez les équations suivantes.

a) $2\sqrt{-x - 2} + 3 = 0$

b) $\sqrt{2x - 1} + 3 = x - 1$

c) $\sqrt{-12x - 11} + 3 = x + 1$

d) $\sqrt{x} + 3 = \sqrt{x - 2}$

20. Tracez le graphique des fonctions définies par les équations suivantes.

a) $f(x) = \sqrt{2x - 4} + 1$

b) $f(x) = 3\sqrt{x + 2} - 6$

c) $f(x) = -2\sqrt{-2x + 1} + 5$

d) $f(x) = -\sqrt{3x - 9}$

e) $f(x) = -\sqrt{4x + 5} - 7$

f) $f(x) = \dfrac{2}{3}\sqrt{x + 2} - 2$

21. Donnez le domaine et l'image des fonctions suivantes.

a) $f(x) = \dfrac{1}{2}\sqrt{7x - 3} + 1$

c) $f(x) = 3\sqrt{6 + 2x} - 2$

b) $f(x) = -\sqrt{2 - 8x}$

d) $f(x) = -\dfrac{4}{9}\sqrt{3x + 15} + 6$

22. Trouvez les extremums des fonctions suivantes.

a) $f(x) = 4\sqrt{2x + 1} - 5$

c) $f(x) = \sqrt{-2x + 6} - 1$

b) $f(x) = -\dfrac{2}{3}\sqrt{1 - 5x}$

d) $f(x) = -2\sqrt{x + 4} + 3$

Module 4 – La fonction rationnelle

23. Soit la fonction définie par l'équation $f(x) = \dfrac{2x - 1}{x + 3}$.

Laquelle des affirmations suivantes est vraie ?

A) Cette fonction possède l'asymptote verticale $x = -3$.

B) Cette fonction ne possède aucun zéro.

C) Cette fonction possède un seul zéro qui est égal à $-\dfrac{1}{2}$.

D) Cette fonction est décroissante.

24. **a)** Observez le graphique de la fonction f ci-contre.

b) Tracez une esquisse des graphiques des fonctions suivantes.

    1) $g(x) = -f(x)$

    2) $g(x) = f(x - 1) - 3$

    3) $g(x) = -f(x + 2) - 1$

    4) $g(x) = -f(-(x - 2)) + 1$

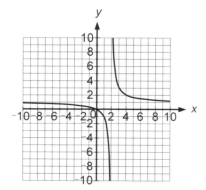

25. Trouvez le point de rencontre des deux asymptotes de la fonction $f(x) = \dfrac{x - 2}{3x - 1}$.

26. Tracez le graphique des fonctions suivantes.

a) $f(x) = -1 + \dfrac{2}{3x - 5}$

b) $g(x) = \dfrac{3x - 1}{2x + 3}$

27. Déterminez le domaine, l'équation des asymptotes et le zéro, s'il existe, des fonctions suivantes.

a) $f(x) = \dfrac{4}{x - 3}$

c) $f(x) = \dfrac{-1}{2(x + 1)} - 3$

b) $f(x) = \dfrac{4x - 3}{4 - x}$

d) $f(x) = \dfrac{3 - 2x}{2 - 3x}$

28. Exprimez sous la forme canonique les équations des fonctions rationnelles suivantes.

a) $f(x) = \dfrac{2x + 5}{6x + 4}$

d) $f(x) = \dfrac{-3x + 4}{5x + 2}$

b) $f(x) = \dfrac{4x - 1}{x + 7}$

e) $f(x) = \dfrac{12x - 8}{3x - 11}$

c) $f(x) = \dfrac{2x + 8}{x - 1}$

f) $f(x) = \dfrac{9x - 2}{x + 5}$

29. Résolvez les équations suivantes.

a) $\dfrac{2x + 7}{3x - 9} = -1$

e) $\dfrac{x + 8}{7x} = \dfrac{1}{x - 3}$

b) $\dfrac{8x - 6}{x + 2} = 2$

f) $\dfrac{3x + 2}{x - 1} = -6$

c) $\dfrac{-x - 4}{5x + 7} = 5$

g) $\dfrac{x + 1}{16x} = \dfrac{1}{x + 7}$

d) $\dfrac{-x + 4}{x + 2} \geq 5$

h) $\dfrac{4x - 3}{8x + 2} \geq 1$

Module 5 – Les opérations sur les fonctions

30. Effectuez les opérations suivantes sur les fractions algébriques. Simplifiez vos réponses.

a) $\dfrac{1}{x+1} + \dfrac{3x}{2x+3}$

g) $\dfrac{2a}{1-a^2} \div \left(\dfrac{1}{1-a} - \dfrac{1}{1+a} \right)$

b) $\dfrac{1}{x} - \dfrac{x-4}{3x+7}$

h) $\dfrac{x^2-1}{x} \div \dfrac{x+1}{x-1}$

c) $\dfrac{x-3}{x(x+1)} + \dfrac{2}{(x+1)^2}$

i) $\left(\dfrac{x^2+4x+3}{x^2-1} \right) \times \left(\dfrac{x^2-2x+1}{x-1} \right)$

d) $\dfrac{x+2}{x^2-9} - \dfrac{x-1}{x^2-2x-3}$

j) $1 + \dfrac{2x^2+6x+4}{x^2-1} \times \dfrac{x^2-2x+1}{x-1}$

e) $\dfrac{x+1}{3x^2+10x+7} - \dfrac{2x^2-4}{6x+14}$

k) $\dfrac{\dfrac{1}{x^2} - 3}{\dfrac{1}{4x} + x}$

f) $\dfrac{x^2-1}{x} \times \dfrac{x^3+x^2+x}{x+1}$

l) $\dfrac{1}{2 + \dfrac{x+2}{3 + \dfrac{1}{x}}}$

31. Soient les fonctions définies par les équations $f(x) = x^2 + 2x - 1$ et $g(x) = x + 1$. Parmi les affirmations suivantes, laquelle est vraie ?

A) $g(x) \circ f(x) = x^2 + 2x$

C) $f(x) \circ g(x) = 3x^2 + 3x$

B) $g(x) \times f(x) = x^3 + 2x^2 - x + 1$

D) $f(x) \circ g(x) = x^2 + 4x$

32. Soient les fonctions définies par les équations $f(x) = \dfrac{x+4}{2x+1}$, $g(x) = 3x^2 - 2x + 1$ et $h(x) = \sqrt{3x-1} + 5$. Évaluez les expressions demandées.

a) $g(x) \circ f(x)$

d) $h(x) \circ g(x)$

b) $f(x) \circ h(x)$

e) $f(x) \circ g(x)$

c) $g(x) \circ g(x)$

f) $f(x) \circ f(x)$

33. Soit les fonctions définies par les équations $f(x) = 2x^2 - 3x + 1$ et $g(x) = x + a$, où a est un nombre réel différent de 0. Évaluez les expressions suivantes.

a) $g(x) - f(x)$

b) $g(x) \circ f(x)$

c) $g(x) \times f(x)$

d) $f(x) \circ g(x)$

e) $f(b)$

f) $f(a - b)$

g) $f(a) - g(a)$

h) $f(x + a) - f(x)$

34. Soit les fonctions suivantes.

$$f(x) = x^2 + 3x \qquad g(x) = 8x - 6 \qquad h(x) = \frac{3x + 5}{x - 2}$$

Déterminez la fonction résultante des opérations suivantes.

a) $(f \circ g)(x)$

b) $(h + g)(x)$

c) $(h \circ g)(x)$

d) $(g \div h)(x)$

e) $(f + g)(x)$

f) $(g \circ h)(x)$

g) $(g - f)(x)$

h) $(g \circ g)(x)$

35. Soit les fonctions suivantes.

$$f(x) = x - 4 \qquad g(x) = x^2 + 3x \qquad h(x) = \frac{2}{x}$$

Évaluez les fonctions ci-dessous.

a) $(g \circ g)(2)$

b) $(g + f)(-1)$

c) $(f \div h)(4)$

d) $(f \circ h)(0,5)$

e) $(f \div g)(5)$

f) $(g - h)(-2)$

36. Soit les fonctions suivantes.

$$f(x) = x - 1 \qquad g(x) = 2x^2 - 4x$$

Déterminez les zéros de la fonction $h(x) = (g \circ f)(x)$.

37. Effectuez les opérations suivantes.

a) $\dfrac{2x-4}{x+1} + \dfrac{5}{3x+3}$

d) $\dfrac{x^2-2x-3}{2x+5} \div \dfrac{4x^2-11x-3}{2x^2+x-10}$

b) $\dfrac{5}{2x^2+3x-14} \cdot \dfrac{2x-4}{2x-7}$

e) $\dfrac{{}^-3x^2-x+2}{{}^-3x^2-10x+8} + \dfrac{3x-6}{x^2+2x-8}$

c) $\dfrac{x^2+8x+7}{x^2+5x+4} - \dfrac{3x-3}{x^2+3x-4}$

f) $\dfrac{3x^2+26x+16}{x-1} \cdot \dfrac{x^2-1}{x^2+4x-32}$

38. Résolvez les inéquations suivantes.

a) $\dfrac{20x+15}{x+2} \geq {}^-5$

b) $x^2+6 \geq 3x^2-11x+11$

Module 6 – La fonction exponentielle

39. Soit la fonction définie par l'équation $f(x) = 3 \cdot 2^{x-1} + 2$.

Parmi les affirmations suivantes, laquelle est vraie ?

A) Cette fonction possède l'asymptote verticale $x = 2$.

B) Cette fonction ne possède aucun zéro.

C) Cette fonction possède un seul zéro qui est égal à $\dfrac{7}{2}$.

D) Cette fonction est décroissante.

40. **a)** Observez bien le graphique de la fonction f ci-contre.

b) Tracez une esquisse des graphiques des fonctions suivantes.

1) $g(x) = f({}^-x)$

2) $g(x) = f(x-1) - 3$

3) $g(x) = {}^-f(x+2) - 1$

4) $g(x) = {}^-f({}^-(x-2)) + 1$

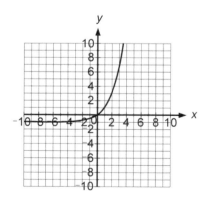

41. Tracez le graphique des fonctions suivantes.

a) $f(x) = 1 + 3^{2x+4}$

b) $g(x) = \left(\dfrac{1}{2}\right)^{-x+3} - 4$

42. Déterminez le domaine, l'image, l'équation de l'asymptote, la croissance, l'ordonnée à l'origine et le zéro, s'ils existent, des fonctions suivantes.

a) $f(x) = 2^x - 1$

c) $f(x) = 2 + \left(\dfrac{1}{2}\right)^{3x - 3}$

b) $f(x) = -3^{2 - x}$

d) $f(x) = -1 - e^{x + 2}$

43. Pour chacune des fonctions exponentielles définies ci-dessous, déterminez le domaine, l'image et les coordonnées des points correspondant aux abscisses à l'origine et à l'ordonnée.

Équation	Domaine	Image	Abscisse à l'origine	Ordonnée à l'origine
a) $f(x) = 5\left(\dfrac{1}{4}\right)^{-x} - 10$				
b) $f(x) = 3(2^{3x - 1}) + 5$				
c) $f(x) = -2(3^{5 - 2x})$				
d) $f(x) = -3\left(\dfrac{2}{3}\right)^{2x - 1} + 2$				
e) $f(x) = -(2)^{\frac{x}{4}} + 8$				
f) $f(x) = 5\left(\dfrac{3}{4}\right)^{2 - 3x} + 1$				
g) $f(x) = \dfrac{1}{4}\left(\dfrac{1}{6}\right)^{x - 4} - 9$				
h) $f(x) = 3(2^{2x - 3}) + 14$				

44. Représentez graphiquement chaque fonction valeur absolue ci-dessous.

a) $f(x) = 3(5)^{\frac{x}{3}} - 2$

e) $f(x) = (4)^{\frac{x + 1}{3}} + 1$

b) $f(x) = -2(3^{-x}) + 1$

f) $f(x) = 2 - \left(\dfrac{1}{3}\right)^{4 + 3x}$

c) $f(x) = 10 - 5(2^{-x + 1})$

g) $f(x) = -4\left(\dfrac{1}{5}\right)^{3 - x} + 8$

d) $f(x) = -\dfrac{1}{2}(3^{1 - x}) + 4$

h) $f(x) = 5(3^{x + 5}) - 15$

45. Résolvez les équations et inéquations suivantes.

a) $-\dfrac{44}{9} = 3\left(\dfrac{4}{3}\right)^{-x} - 12$

e) $3091 = 3\left(\dfrac{1}{4}\right)^{-2x+1} + 19$

b) $\dfrac{37\,504}{3125} \leq 4(5)^{x-3} + 12$

f) $-28\,660 \geq -7(4)^{5x-6} + 12$

c) $-48 = -6(4)^{5-2x}$

g) $-\dfrac{41\,266}{1331} = -5(11)^{3x-1} - 31$

d) $\dfrac{4946}{225} \geq -4\left(\dfrac{1}{15}\right)^{\frac{2x+3}{5}} + 22$

h) $-\dfrac{2317}{3} \leq -\dfrac{5}{3}(8)^{1-5x} + 81$

46. Résolvez les équations et les inéquations suivantes.

a) $3^{x+1} - 4 = 77$

f) $6^x + 6^{x-1} = 1512$

b) $4^x - 2^{x-4} < 0$

g) $3^x + 3^{x-2} > 30$

c) $4^x = 2^{x+2}$

h) $250\left(\dfrac{2}{5}\right)^x = 16$

d) $27^x = 9^{x-5}$

i) $5 \cdot \left(\dfrac{8}{125}\right)^x + 8 \leq 10$

e) $5^{3x} \geq 5^{-2} \cdot 5^{x+1}$

j) $8\left(\dfrac{1}{25}\right)^x - 3 = 37$

47. Déterminez le domaine et l'image des fonctions suivantes.

a) $f(x) = 2 \cdot 3^{x-2} + 1$

e) $f(x) = 9^{3-2x} + 5$

b) $f(x) = \left(\dfrac{1}{4}\right)^{5x+1} - 9$

f) $f(x) = -2 \cdot (1)^{3x} - 5$

c) $f(x) = -6\left(\dfrac{3}{2}\right)^{3x-3} - \dfrac{1}{2}$

g) $f(x) = \dfrac{1}{2} \cdot 5^{(-2x+8)} + 10$

d) $f(x) = -8 \cdot (2)^{6\left(x - \frac{4}{5}\right)}$

h) $f(x) = -(3)^{12x-6} + 11$

Module 7 – La fonction logarithmique

48. Soit la fonction définie par l'équation $f(x) = \log_{\frac{1}{2}}(1 - x)$.

Parmi les affirmations suivantes, laquelle est vraie ?

A) Cette fonction possède l'asymptote verticale $y = -1$.

B) L'ordonnée à l'origine de cette fonction est égale à -1.

C) Le zéro de cette fonction est 0.

D) Cette fonction est décroissante.

49. a) Observez bien le graphique de la fonction f ci-contre.

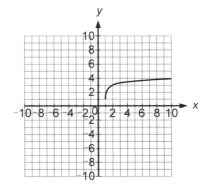

b) Tracez une esquisse des graphiques des fonctions suivantes.

1) $g(x) = f(1 - x)$

2) $g(x) = f(x + 2) - 3$

3) $g(x) = -f(x + 1)$

4) $g(x) = -f(-(2 + x)) + 1$

50. Tracez le graphique des fonctions suivantes.

a) $f(x) = -2 - \log(2x + 1)$ **b)** $g(x) = \log_{0,5}(1 - 2x)$

51. Déterminez le domaine, l'image, l'équation de l'asymptote, la croissance, l'ordonnée à l'origine et le zéro, s'il existe, des fonctions suivantes.

a) $f(x) = \log x + 3$ **c)** $f(x) = 2 + \log_{\frac{1}{2}}(3x - 9)$

b) $f(x) = -\log_3(2 - x)$ **d)** $f(x) = 1 - \ln(2 - x)$

52. Représentez graphiquement les fonctions ci-dessous, puis donnez les points d'intersection avec les axes, s'il y a lieu.

a) $f(x) = 3 \log_2(2x - 2) + 5$ **c)** $f(x) = \log_4\left(\frac{x}{2} - 6\right)$

b) $f(x) = -2 \log_3(x + 5) - 1$ **d)** $f(x) = -5 \log(10x) + 8$

53. Déterminez le domaine et l'image des fonctions suivantes.

a) $f(x) = 3 \log_2(x - 1) - 5$

c) $f(x) = \dfrac{2}{3} \log(2x + 6)$

b) $f(x) = {}^{-}12 \log_5({}^{-}2(x - 7)) + 3$

d) $f(x) = \log_8\left(-\dfrac{x}{4} + 12\right) - 16$

54. Des biologistes prévoient qu'une population de renards augmentera de 15 % par an au cours des prochaines années. On estime que la population actuelle est de 400 bêtes.

a) Représentez cette situation à l'aide d'une équation exponentielle.

b) Dans combien d'années la population de renards atteindra-t-elle 1000 bêtes ?

55. Résolvez les équations suivantes.

a) $\log_4(3x + 10) = 3$

c) $3 \log_4(2x) = 6$

b) $\log_2(x - 4) = {}^{-}1$

d) ${}^{-}2 \log_2({}^{-}x) = 1$

56. Transformez les expressions ci-dessous en une expression équivalente ne comportant qu'un seul logarithme.

a) $\log\left(\dfrac{x + 1}{x + 2}\right) + \log(x^2 - 5x - 14)$

d) $\dfrac{1}{2}(\log(5x) - \log(x^2)) \cdot \log 100$

b) $-\log x + \log(2x) - \log y$

e) $\log_2 x - \log_{16} x + \log_8 x^2$

c) $2 \log(3x) - \log(18x) + \log 6$

f) $\log_x 1 \cdot \log_3 81 + \dfrac{1}{2} \log_3 4x$

Module 8 – Les fonctions sinusoïdales

57. Soit la fonction définie par l'équation $f(x) = 3\sin(x + \pi)$.
Parmi les affirmations suivantes, laquelle est fausse ?

A) Le maximum de cette fonction est 3.

B) L'amplitude de cette fonction est 3.

C) Cette fonction n'est pas déphasée.

D) Cette fonction passe par le point (0, 0).

58. Tracez le graphique des fonctions suivantes.

a) $f(x) = -\sin\left(x + \dfrac{\pi}{2}\right)$

b) $f(x) = 3 - \sin(2x + 4\pi)$

c) $f(x) = \sin(2 - x) + 1$

59. Donnez l'équation des fonctions sinusoïdales présentées ci-dessous.

a)

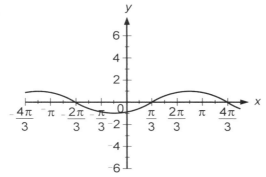

b)

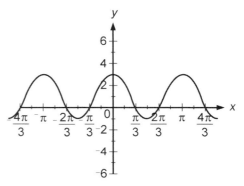

60. Déterminez les zéros, s'ils existent, des fonctions suivantes sur le domaine restreint demandé.

a) $f(x) = \sin(x)$ sur $[2\pi, 4\pi]$

c) $f(x) = \sin(2x) + \dfrac{1}{2}$ sur $\left[\dfrac{\pi}{2}, \pi\right]$

b) $f(x) = \sin(x) + \dfrac{1}{2}$ sur $[-\pi, 3\pi]$

d) $f(x) = \sin(x)$ sur $[-3\pi, -\pi]$

61. Déterminez l'image des fonctions sinusoïdales suivantes.

a) $f(x) = 4\sin(3x + 2)$

d) $f(x) = \dfrac{2}{3}\cos(8x) + \dfrac{1}{2}$

b) $f(x) = \dfrac{\sin(x - 7)}{2} + 3$

e) $f(x) = \dfrac{4}{5}\sin(x + 1) - 2$

c) $f(x) = -3\cos(2x - 6) + 1$

f) $f(x) = -2\cos(2 - 3x) - 5$

62. Déterminez les zéros des fonctions sinusoïdales suivantes.

a) $f(x) = 2\sin(x - \pi) - \sqrt{2}$

d) $f(x) = 4\cos(x + \pi) + 2$

b) $f(x) = 5\cos(3x - \pi) - 5$

e) $f(x) = 4\sin(2x - \pi) + 4$

c) $f(x) = -6\cos(2x + 3\pi) + 3$

f) $2\sin\left(\dfrac{x + \pi}{2}\right) - \sqrt{3}$

63. Trouvez les extremums des fonctions suivantes.

a) $f(x) = 3 \sin\left(x - \dfrac{\pi}{2}\right)$

b) $f(x) = -5 \cos\left(\dfrac{x}{3} + \pi\right)$

64. Esquissez le graphique des fonctions sinusoïdales suivantes sur un intervalle d'au moins une période.

a) $f(x) = 5 \sin(2(x + \pi))$

d) $f(x) = \sin\left(2x - \dfrac{\pi}{2}\right) + 1$

b) $f(x) = 2 \cos(3x + \pi)$

e) $f(x) = \sin(3x + 4\pi)$

c) $f(x) = -6 \cos\left(x + \dfrac{\pi}{2}\right) + 3$

f) $f(x) = 8 \cos(2x - 2\pi) + 4\sqrt{2}$

Module 9 – La fonction tangente

65. Calculez la valeur exacte des tangentes suivantes.

a) $\tan 0$

c) $\tan \dfrac{2\pi}{3}$

e) $\tan \dfrac{-\pi}{3}$

b) $\tan \dfrac{\pi}{2}$

d) $\tan \dfrac{11\pi}{6}$

f) $\tan\left(3\pi - \dfrac{\pi}{4}\right)$

66. Tracez le graphique des fonctions suivantes.

a) $f(x) = \dfrac{1}{2} \tan(2x)$

b) $f(x) = 2\tan\left(\dfrac{1}{2}x - \dfrac{\pi}{3}\right)$

67. Soit le point $P(t) = \left(\dfrac{3}{5}, -\dfrac{4}{5}\right)$.

a) Démontrez que c'est un point trigonométrique.

b) Résolvez les équations suivantes.

1) $3 \tan t$

2) $1 - \tan^2 t$

58. Soit le point trigonométrique $P(t) = \left(x, -\dfrac{5}{13} \right)$.

    a) Trouvez la valeur de x, sachant que ce point fait partie du premier quadrant.

    b) Calculez la valeur des expressions suivantes.

        1) $\tan t$
        2) $\dfrac{\cos t + \tan^2 t}{\sin t}$

59. Soit la fonction $f(x) = \tan x$. Déterminez les valeurs pour lesquelles la fonction n'est pas définie dans les intervalles demandés.

    a) $[0, 4\pi]$
        c) $[-3\pi, -2\pi]$

    b) $[-2\pi, \pi]$
        d) $[0, +\infty[$

60. Déterminez le domaine des fonctions suivantes.

    a) $f(x) = 6\tan(2x - \pi) + 1$
        d) $f(x) = -\tan\left(\dfrac{x}{3} + \dfrac{3\pi}{4} \right) - 2$

    b) $f(x) = 3\tan\left(x + \dfrac{\pi}{2} \right)$
        e) $f(x) = \tan(4x - 2\pi) + 7$

    c) $f(x) = \dfrac{2}{3}\tan(2x + 4\pi)$
        f) $f(x) = \dfrac{3}{5}\tan\left(\dfrac{x}{2} - \pi \right) - 2$

61. Représentez graphiquement les fonctions suivantes et précisez les équations des asymptotes.

    a) $f(x) = 2\tan(3x - 2\pi) + 2$
        d) $f(x) = -4\tan(x + 2\pi) + 1$

    b) $f(x) = -\tan(x - \pi) + 1$
        e) $f(x) = 6\tan\left(-\dfrac{x}{4} + 2\pi \right)$

    c) $f(x) = -2\tan\left(\pi - \dfrac{x}{2} \right)$
        f) $f(x) = \dfrac{1}{2}\tan\left(\dfrac{x}{4} + 3\pi \right)$

72. Un immeuble projette une ombre qui dépend de l'angle d'élévation du Soleil (θ).

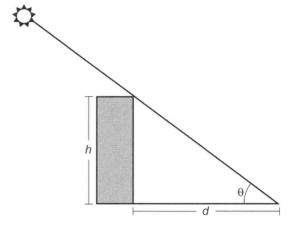

    a) En utilisant la fonction tangente, trouvez une équation de la forme $f(x) = a \tan(b(x - h)) + k$ permettant de décrire la longueur de l'ombre selon l'angle d'élévation du Soleil.

    b) Déterminez la hauteur de l'immeuble, sachant que l'ombre a une longueur de 32 m lorsque l'angle d'élévation du Soleil est de 30°.

73. Trouvez les zéros des fonctions suivantes.

    a) $f(x) = 3 \tan\left(\dfrac{\pi}{2} - x\right) - 3$

    b) $f(x) = \tan\left(2x + \dfrac{\pi}{3}\right) + \sqrt{3}$

    c) $f(x) = \sqrt{3} \tan(3x + \pi) + 1$

    d) $f(x) = {}^-2 \tan(x + 5) - 1$

    e) $f(x) = \tan\left(\dfrac{x}{4} + \pi\right)$

    f) $f(x) = \tan\left(x - \dfrac{\pi}{3}\right) + 1$

Module 10 – Les identités trigonométriques

74. Simplifiez les expressions trigonométriques suivantes.

a) $\dfrac{\cos t}{\cot t}$

b) $\dfrac{\sin 2t}{\sin t - \sin^3 t}$

c) $\cot t (\sin t + \sec t)$

d) $1 + \tan^2 t$

e) $(1 - \sin \sqrt{t})(1 + \sin \sqrt{t})$

f) $\dfrac{2 \sin^2 t}{1 - \cos(2t)}$

g) $(1 + \tan^2 t)\cos t$

h) $\dfrac{\sec^2 x - 1}{\sec x - 1}$

i) $\dfrac{\tan^2 t + 1}{\cos t}$

j) $\dfrac{\sin 4x}{\cos 2x}$

k) $\dfrac{1 + \cos 2x}{2}$

75. Vrai ou faux ? Justifiez vos réponses.

a) $\sin x^2 = \sin^2 x$

b) $\sin 2x = 2 \sin x$

c) $\sin x^{\frac{1}{2}} = \sin \sqrt{x}$

d) $\sin x + 1 = \sin(x + 1)$

76. Démontrez les identités suivantes.

a) $\sin\left(x + \dfrac{\pi}{2}\right) = \cos(x)$

b) $(1 + \tan^2 t)\cos^2 t = 1$

c) $\cos(2t) = 2 \cos^2 t - 1$

d) $\dfrac{2 \sin t \cos t}{\cos^2 t - \sin^2 t} = \tan 2t$

77. Considérez les fonctions $f(x) = \sin(2x - 1)$ et $g(x) = \cos(2x - 1)$. En utilisant les identités trigonométriques, trouvez les informations demandées.

a) Le domaine de la fonction $\dfrac{f(x)}{g(x)}$.

b) L'image de la fonction $(f(x))^2 + (g(x))^2$.

78. Déterminez la valeur exacte des expressions suivantes, sans avoir recours à la calculatrice.

a) $\sin\left(\dfrac{\pi}{6} + \dfrac{\pi}{4}\right)$

b) $\cos\left(\dfrac{\pi}{3} - \dfrac{\pi}{4}\right)$

c) $\tan\left(\dfrac{\pi}{3} + \dfrac{\pi}{4}\right)$

d) $\sin\left(\dfrac{2\pi}{3}\right) + \cos\left(\dfrac{7\pi}{6}\right) \cdot \tan\left(-\dfrac{3\pi}{4}\right)$

e) $\tan\left(\dfrac{\pi}{3}\right)\left(\cos\left(\dfrac{5\pi}{6}\right) + \sin\left(-\dfrac{\pi}{4}\right)\right)$

f) $3\sin^2\left(\dfrac{2\pi}{3}\right) - 2\cos(\pi) + \tan^2\left(\dfrac{3\pi}{4}\right)$

g) $\dfrac{\tan\left(\dfrac{\pi}{4}\right) + \sin\left(\dfrac{\pi}{6}\right)}{\sec\left(\dfrac{\pi}{6}\right) - \cotan\left(\dfrac{\pi}{3}\right)}$

h) $\tan\left(\dfrac{\pi}{4}\right)\left(\sin\left(\dfrac{\pi}{6}\right) - \cotan\left(\dfrac{\pi}{3}\right)\right)$

79. Quelle est la valeur exacte des expressions $\sin\theta$ et $\tan\theta$:

a) sachant que $\cos\theta = \dfrac{2}{5}$ et que θ est situé dans le quatrième quadrant ?

b) sachant que $\cos\theta = -\dfrac{1}{3}$ et que θ est situé dans le troisième quadrant ?

80. Simplifiez les expressions suivantes.

a) $(\sec^2 x - 1)(\cosec^2 x - 1)$

b) $\tan x \cdot \sec x \cdot \cosec x$

c) $\dfrac{\cos x \cdot \tan^2 x}{\sin x}$

d) $\dfrac{\cotan^2 x}{1 - \sin^2 x}$

e) $1 - \sin x \cdot \cos x \cdot \cotan x$

f) $\sqrt{1 + \cotan^2 x} \cdot \cotan x$

g) $\sec x - \tan x \cdot \sin x$

h) $\sec x - \sqrt{1 - \sin^2 x}\,(\sec^2 x - 1)$

81. Complétez le tableau suivant.

	Angle au centre (rad)	Rayon du cercle (cm)	Longueur de l'arc intercepté (cm)
a)	$\dfrac{\pi}{3}$	40	
b)		55	$13{,}75\pi$
c)	$\dfrac{5\pi}{12}$		50π
d)		135	50
e)	$\dfrac{2\pi}{3}$		126π

82. Prouvez les identités trigonométriques suivantes.

a) $\dfrac{\sec^2 x - 1}{\sec^2 x} = \sin^2 x$

e) $\cotan x + \tan x = \cosec x \sec x$

b) $\dfrac{\sin x}{\cosec x} + \dfrac{\cos x}{\sec x} = 1$

f) $\dfrac{\sin x + \cos^2 x \cosec x}{\cosec x} = 1$

c) $\dfrac{1 + \sin x - \cos^2 x}{\cos x + \cos x \sin x} = \tan x$

g) $\dfrac{\cosec^2 x + \sec^2 x}{\cosec x \sec x} = \cotan x + \tan x$

d) $\dfrac{1}{1 - \cos x} + \dfrac{1}{1 + \cos x} = 2 \cosec^2 x$

h) $\dfrac{1 + \cos x}{\sqrt{1 - \cos^2 x}} + \dfrac{\sin x}{1 + \cos x} = 2 \cosec x$

83. Soit le point trigonométrique $\mathbf{P}(t) = (a, b)$. Trouvez les coordonnées de chacun des points trigonométriques suivants.

a) $\mathbf{P}(-t)$

e) $\mathbf{P}\left(\dfrac{\pi}{2} + t\right)$

b) $\mathbf{P}(2\pi - t)$

f) $\mathbf{P}\left(\dfrac{\pi}{2} - t\right)$

c) $\mathbf{P}(\pi + t)$

g) $\mathbf{P}\left(\dfrac{3\pi}{2} + t\right)$

d) $\mathbf{P}(\pi - t)$

h) $\mathbf{P}\left(\dfrac{3\pi}{2} - t\right)$

Module 11 – Les vecteurs

84. Tracez les vecteurs $\vec{u} + \vec{v}$ et $\vec{u} - \vec{v}$ dans chacune des situations suivantes.

a)

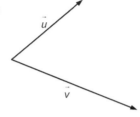

b)

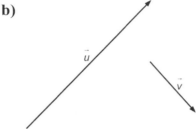

85. À partir des deux vecteurs suivants, donnez une combinaison linéaire permettant d'obtenir les vecteurs demandés.

$$\vec{u} = (2, 6) \qquad \vec{v} = (-1, 4)$$

a) $\vec{w} = (-4, -12)$ **b)** $\vec{w} = (-5, 6)$ **c)** $\vec{w} = \left(\dfrac{7}{2}, 14\right)$ **d)** $\vec{w} = (-1, -10)$

86. Calculez les produits scalaires $\vec{u} \cdot \vec{v}$ suivants.

a) $\|\vec{u}\| = 3$, $\|\vec{v}\| = 4$ et $\theta = 90°$ **b)** $\|\vec{u}\| = 4$, $\|\vec{v}\| = 7$ et $\theta = 60°$

87. Déterminez les composantes, la norme et l'orientation de chacun des vecteurs suivants.

Vecteur	Coordonnées de l'origine	Coordonnées de l'extrémité	Composantes	Norme	Orientation
$\vec{p}$	$(-5, -3)$	$(-4, 1)$			
$\vec{q}$	$(3, -6)$	$(-1, -8)$			
$\vec{r}$	$(4, -5)$	$(-2, 7)$			
$\vec{s}$	$(9, 6)$	$(3, 12)$			
$\vec{t}$	$(-7, 4)$	$(7, 11)$			
$\vec{u}$	$\left(\dfrac{1}{3}, 0\right)$	$\left(-\dfrac{4}{3}, \dfrac{1}{2}\right)$			
$\vec{v}$	$(-1, -12)$	$(5, 7)$			
$\vec{w}$	$(2, 5)$	$\left(\dfrac{3}{4}, 1\right)$			

88. Simplifiez les expressions suivantes à l'aide de la relation de Chasles.

a) $-\overrightarrow{AB} + \overrightarrow{AC} - \overrightarrow{BC} - \overrightarrow{DA}$

b) $\overrightarrow{RS} - \overrightarrow{RU} - (\overrightarrow{UV} - \overrightarrow{SV})$

c) $-\overrightarrow{RS} - \overrightarrow{UV} - \overrightarrow{SU} - \overrightarrow{VW}$

d) $\overrightarrow{MN} + \overrightarrow{MP} + \overrightarrow{NP} + 3\overrightarrow{PM}$

e) $\overrightarrow{BA} - \overrightarrow{CA} - 3\overrightarrow{CB} + 4\overrightarrow{CA}$

f) $\overrightarrow{OB} + \overrightarrow{AD} + \overrightarrow{BC} - \overrightarrow{OD} + \overrightarrow{CA}$

g) $\overrightarrow{RS} - \overrightarrow{TU} + \overrightarrow{TW} - \overrightarrow{VW} + \overrightarrow{TU} + \overrightarrow{SZ} + \overrightarrow{ZR}$

h) $\overrightarrow{AE} - 3\overrightarrow{CD} + \overrightarrow{BD} + \overrightarrow{EC} - \overrightarrow{AC} - 3\overrightarrow{BC}$

89. Dans chaque cas ci-dessous, déterminez la mesure de l'angle compris entre les vecteurs $\vec{u}$ et $\vec{v}$.

a) $\vec{u} = (-6, 4)$ et $\vec{v} = (2, 8)$

b) $\vec{u} = (8, -10)$ et $\vec{v} = (-5, 5)$

c) $\vec{u} = (-5, -7)$ et $\vec{v} = (3, 4)$

d) $\vec{u} = (2, 5)$ et $\vec{v} = (-3, -2)$

e) $\vec{u} = (-3, 0)$ et $\vec{v} = (6, 5)$

f) $\vec{u} = (3, 4)$ et $\vec{v} = (-6, 2)$

g) $\vec{u} = (-1, -3)$ et $\vec{v} = (-4, -10)$

h) $\vec{u} = (-5, -3)$ et $\vec{v} = (-1, -8)$

90. Dans chaque cas ci-dessous, déterminez les valeurs de m et n si $m\vec{u} + n\vec{v} = \vec{w}$.

a) Soit $\vec{u} = (3, 2)$, $\vec{v} = (2, 3)$ et $\vec{w} = (10, 37)$.

b) Soit $\vec{u} = (1, 2)$, $\vec{v} = (2, 1)$ et $\vec{w} = (21, 18)$.

c) Soit $\vec{u} = (1, 1)$, $\vec{v} = (-4, -2)$ et $\vec{w} = (-18, 4)$.

d) Soit $\vec{u} = (13, -5)$, $\vec{v} = (1, 1)$ et $\vec{w} = (0, 144)$.

e) Soit $\vec{u} = (1, 2)$, $\vec{v} = (1, -3)$ et $\vec{w} = (-12, 4)$.

f) Soit $\vec{u} = (14, 8)$, $\vec{v} = (4, 8)$ et $\vec{w} = (10, 10)$.

g) Soit $\vec{u} = (6, 11)$, $\vec{v} = (4, 4)$ et $\vec{w} = (116, 183)$.

h) Soit $\vec{u} = \left(\dfrac{1}{4}, \dfrac{1}{3}\right)$, $\vec{v} = \left(\dfrac{1}{4}, -\dfrac{1}{3}\right)$ et $\vec{w} = \left(\dfrac{35}{4}, \dfrac{19}{3}\right)$.

91. Soit les vecteurs $\vec{t} = (5, 7)$, $\vec{u} = (-1, 8)$, $\vec{v} = (-2, -5)$ et $\vec{w} = (4, -9)$.

a) Exprimez les vecteurs résultants des opérations suivantes par une combinaison linéaire des vecteurs unitaires $\vec{i} = (1, 0)$ et $\vec{j} = (0, 1)$.

1) $\vec{t} + \vec{u}$

2) $\vec{w} - \vec{v}$

3) $\vec{t} + \vec{v} + \vec{w}$

4) $-\vec{t} - \vec{u} + \vec{w}$

5) $2\vec{t} + 3\vec{v} + \vec{u}$

6) $(\vec{t} + \vec{v}) - \vec{u}$

7) $\vec{t} - (\vec{v} + \vec{u})$

8) $\vec{w} - (\vec{t} - \vec{u})$

b) Déterminez les produits scalaires suivants.

1) $\vec{t} \cdot \vec{u}$

2) $\vec{w} \cdot \vec{v}$

3) $3\vec{t} \cdot 2\vec{v}$

4) $(\vec{u} \cdot \vec{v}) + (\vec{t} \cdot \vec{w})$

92. Vrai ou faux ? Justifiez vos réponses.

a) Le module de l'opposé d'un vecteur peut être négatif.

b) Deux vecteurs opposés ont nécessairement le même module.

93. Donnez le vecteur résultant des additions suivantes.

a) $\overrightarrow{AB} + \overrightarrow{BD}$

b) $\overrightarrow{ME} + \overrightarrow{EF} + \overrightarrow{FH} + \overrightarrow{HM}$

c) $-\overrightarrow{AB} + \overrightarrow{DE} + \overrightarrow{AD} - \overrightarrow{BE}$

d) $\overrightarrow{FG} + \overrightarrow{GP} + \overrightarrow{PZ}$

94. Observez bien le triangle rectangle ci-dessous. Dans ce triangle, les points **M** et **N** représentent respectivement les milieux des segments **AC** et **BC**. Démontrez que les segments **AB** et **MN** sont parallèles.

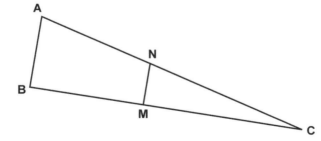

95. À l'aide de vecteurs, démontrez qu'en joignant les points milieux de tous les côtés d'un quadrilatère quelconque **ABCD** on obtient un parallélogramme.

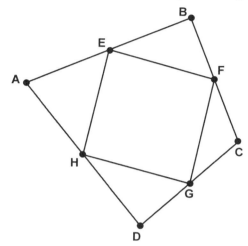

Module 12 – Les coniques

96. Quelle est l'équation du cercle centré à l'origine :

    a) et qui passe par le point (9, 40) ?

    b) et dont le rayon mesure 4,25 unités ?

    c) et dont le diamètre mesure 3 unités ?

    d) et dont la circonférence est de 32π unités ?

    e) et dont l'aire est de 65π unités carrées ?

97. Représentez graphiquement les équations ou inéquations suivantes.

    a) $x^2 + y^2 = 36$ **c)** $x^2 + y^2 < 49$

    b) $x^2 + y^2 \geq 25$ **d)** $2x^2 + 2y^2 = 32$

98. Déterminez l'équation ou l'inéquation définissant les lieux géométriques représentés ci-dessous.

a)

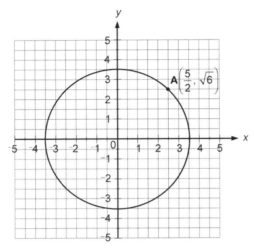

c)

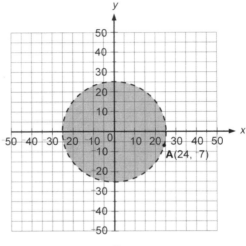

b)

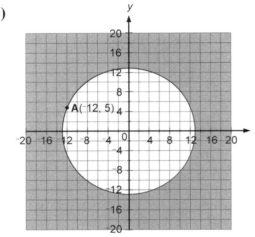

d)

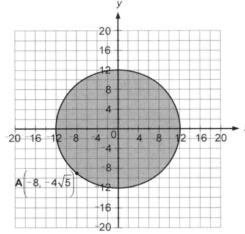

99. Quelle est la longueur d'une corde :

    a) située à 8 cm du centre d'un cercle dont le rayon est de 15 cm ?

    b) située à 3 cm du centre d'un cercle dont le rayon est de 8 cm ?

    c) située à 7 cm du centre d'un cercle dont le rayon est de 12 cm ?

100. Un miroir a la forme d'un demi-cercle. À 8 cm d'une extrémité, la hauteur du miroir est de 12 cm. Quelle est la longueur du diamètre de ce miroir ?

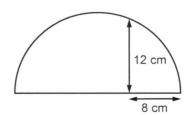

101. Trouvez l'orientation, les sommets et les foyers des ellipses définies par les équations suivantes.

a) $\dfrac{x^2}{4} + \dfrac{y^2}{9} = 1$

b) $\dfrac{x^2}{25} + \dfrac{y^2}{9} = 1$

c) $\dfrac{x^2}{1,44} + \dfrac{y^2}{2,56} = 1$

d) $\dfrac{x^2}{25} + \dfrac{y^2}{169} = 1$

e) $\dfrac{x^2}{625} + \dfrac{y^2}{49} = 1$

102. Représentez graphiquement les équations ou inéquations suivantes.

a) $\dfrac{x^2}{100} + \dfrac{y^2}{36} = 1$

b) $\dfrac{x^2}{49} + \dfrac{y^2}{81} \leq 1$

c) $\dfrac{x^2}{25} + \dfrac{y^2}{16} \geq 1$

d) $\dfrac{x^2}{9} + \dfrac{y^2}{25} = 1$

103. a) Quelle est l'équation du lieu formé des points dont la somme des distances à deux points fixes $F(5, 0)$ et $F'(-5, 0)$ est égale à 20 unités ?

b) Quelle est l'équation de l'ellipse d'axe focal vertical dont le grand axe mesure 12 unités et dont la distance entre les deux foyers est de 8 unités ?

c) Quelle est l'équation de l'ellipse d'axe focal horizontal dont le grand axe mesure 16 unités et qui passe par le point de coordonnées $(4, \sqrt{21})$?

d) Quelle est l'équation de l'ellipse d'axe focal vertical dont le petit axe mesure 12 unités et qui passe par le point de coordonnées $(-\sqrt{27}, -5)$?

104. Déterminez l'équation ou l'inéquation définissant les lieux géométriques représentés ci-dessous et à la page suivante.

a)

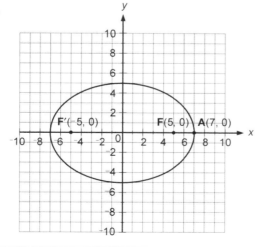

b)

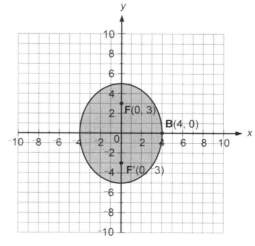

104. (*suite*)

c)

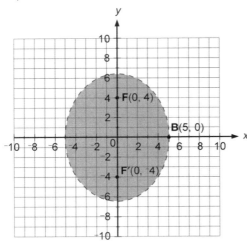

d)

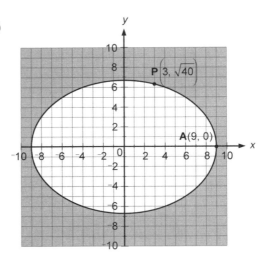

105. Trouvez l'orientation, le foyer et l'équation de la directrice des paraboles définies par les équations suivantes.

a) $x^2 = 20y$

b) $y^2 = 9x$

c) $x^2 = -32y$

d) $y^2 = -8x$

e) $6x^2 = -144y$

106. Représentez graphiquement les équations ou inéquations suivantes.

a) $x^2 = 12y$

b) $y^2 < -8x$

c) $x^2 \geq -20y$

d) $y^2 = 16x$

107. Déterminez l'équation ou l'inéquation définissant les lieux géométriques représentés ci-dessous et à la page suivante.

a)

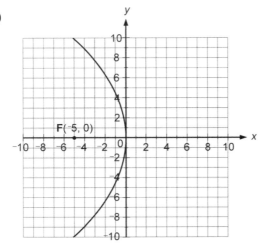

b)

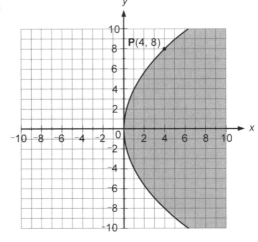

107. (*suite*)

c)

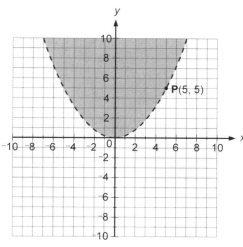

d)

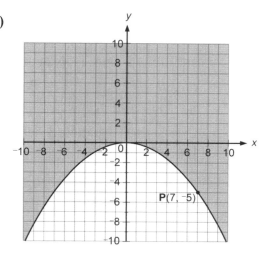

108. Quelle est l'équation :

    a) du lieu formé des points situés à égale distance d'un point fixe $\mathbf{F}(6, 0)$ et d'une droite d'équation $x = -6$?

    b) du lieu formé des points situés à égale distance d'un point fixe $\mathbf{F}\left(0, -\dfrac{3}{2}\right)$

        et d'une droite d'équation $y = \dfrac{3}{2}$?

    c) de la parabole centrée à l'origine qui passe par le point $\mathbf{P}\left(-\dfrac{27}{4}, 9\right)$?

109. Trouvez l'orientation, les sommets, les foyers et les équations des asymptotes des hyperboles définies par les équations suivantes.

    a) $\dfrac{x^2}{4} - \dfrac{y^2}{5} = 1$ **d)** $\dfrac{x^2}{25} - \dfrac{y^2}{144} = -1$

    b) $\dfrac{x^2}{16} - \dfrac{y^2}{9} = -1$ **e)** $\dfrac{x^2}{576} - \dfrac{y^2}{49} = 1$

    c) $\dfrac{x^2}{1,44} - \dfrac{y^2}{2,56} = 1$

110. Représentez graphiquement les équations ou inéquations suivantes.

    a) $\dfrac{x^2}{64} - \dfrac{y^2}{36} = 1$ **c)** $\dfrac{x^2}{28} - \dfrac{y^2}{36} \geq -1$

    b) $\dfrac{x^2}{49} - \dfrac{y^2}{32} > 1$ **d)** $\dfrac{x^2}{36} - \dfrac{y^2}{13} = 1$

111. a) Quelle est l'équation du lieu formé des points dont la différence, en valeur absolue, des distances à deux points fixes **F**(5, 0) et **F′**(–5, 0) est égale à 8 unités ?

b) Quelle est l'équation de l'hyperbole d'axe focal vertical dont le grand axe mesure 14 unités et dont la distance entre les deux foyers est de 4 unités ?

c) Quelle est l'équation de l'hyperbole d'axe focal horizontal dont la distance entre les deux sommets est de 4 unités et qui passe par le point (4, 6) ?

d) Quelle est l'équation de l'hyperbole d'axe focal vertical dont la distance entre les deux sommets est de 8 unités et qui passe par le point (5, –6) ?

112. Déterminez l'équation ou l'inéquation définissant les lieux géométriques représentés ci-dessous.

a)

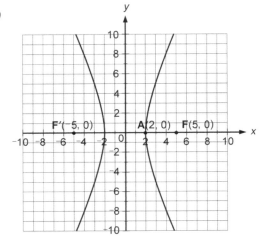

c)

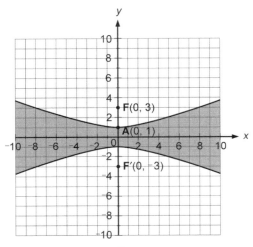

b)

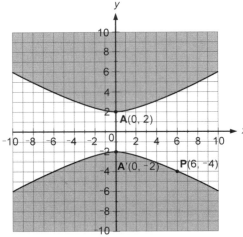

d)

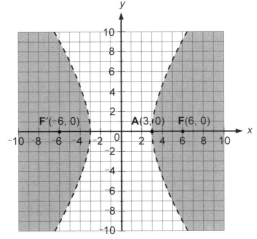

113. Trouvez l'orientation, le sommet, le foyer et l'équation de la directrice des paraboles définies par les équations suivantes.

a) $(x-5)^2 = 20(y+1)$

b) $(y+2)^2 = 9(x-3)$

c) $(x+1)^2 = -32(y-1)$

d) $(y-10)^2 = -8(x+7)$

e) $x^2 = -12(y-5)$

114. Représentez graphiquement les équations ou inéquations suivantes.

a) $(x-1)^2 = 12(y+2)$

b) $(y+2)^2 \leq -8(x-3)$

c) $(x-2)^2 \geq -20(y+3)$

d) $(y+1)^2 = 16(x-1)$

115. Pour chacun des cercles définis par les équations ci-dessous, trouvez la longueur du rayon, le domaine et l'image, puis tracez le graphique.

a) $x^2 + y^2 = 25$

b) $x^2 + y^2 = 9$

116. Les coordonnées des sommets d'une ellipse sont $(-5, 0)$ et $(5, 0)$, et celles de ses foyers, $(-3, 0)$ et $(3, 0)$. Déterminez l'orientation et l'équation de l'ellipse, puis tracez le graphique de cette figure.

117. Identifiez les coniques décrites par les équations ci-dessous. Donnez ensuite les coordonnées du ou des foyers, les coordonnées du ou des sommets et, selon le cas, l'équation de la directrice ou des asymptotes.

a) $\dfrac{x^2}{16} + \dfrac{y^2}{9} = 1$

b) $(x-3)^2 = 8(y+1)$

c) $\dfrac{x^2}{9} + \dfrac{y^2}{25} = 1$

d) $\dfrac{x^2}{4} - y^2 = 1$

e) $(y+1)^2 = 20x$

f) $\dfrac{y^2}{16} - \dfrac{x^2}{25} = 1$

g) $(x-2)^2 = -8y$

h) $\dfrac{x^2}{4} - \dfrac{y^2}{9} = 1$

118. Trouvez les coordonnées des sommets et des foyers de l'ellipse définie par l'équation suivante.

$$\frac{x^2}{6} + \frac{y^2}{4} = 1$$

119. Une parabole centrée à l'origine a subi une certaine translation. La parabole obtenue a pour équation $(y-1)^2 = -8(x+3)$. Déterminez la translation subie par la parabole initiale et son équation.

---

120. Trouvez l'orientation, les coordonnées des sommets, les équations des asymptotes et les coordonnées des foyers de l'hyperbole définie par l'équation ci-dessous, puis tracez son graphique.

$$\frac{x^2}{16} - \frac{y^2}{144} = 1$$

121. Trouvez l'orientation, les coordonnées du sommet, les ordonnées à l'origine, la valeur du paramètre c et l'équation de la droite directrice de la parabole définie par l'équation ci-dessous, puis tracez son graphique.

$$(y + 2)^2 = 8(x - 1)$$

122. Identifiez les coniques décrites ci-dessous et déterminez leur équation.

a) Lieu des points dont la somme des distances à deux points fixes **F**(8, 0) et **F′**(-8, 0) est égale à 20 unités.

b) Lieu des points dont la différence des distances, en valeur absolue, à deux points fixes **F**(0, 13) et **F′**(0, -13) est égale à 10 unités.

c) Lieu des points situés à égale distance d'un point fixe **F**(5, -2) et d'une droite d'équation $y = 6$.

d) Lieu des points situés à une distance de 8 unités d'un point fixe **F**(0, 0).

e) Les asymptotes de cette conique ont pour équations $8x - 15y = 0$ et $8x + 15y = 0$, et l'un des sommets est situé au point **A**(0, 15).

123. Déterminez si le point (4, -5) fait partie de l'ensemble-solution des inéquations suivantes.

a) $C : \dfrac{x^2}{169} + \dfrac{y^2}{105} \geq 1$

b) $C : (y - 8)^2 > x - 1$

c) $C : \dfrac{y^2}{9} - \dfrac{x^2}{40} > 1$

d) $C : x^2 + y^2 > 20$

e) $C : \dfrac{x^2}{148} - \dfrac{y^2}{225} \leq 1$

f) $C : \dfrac{x^2}{175} + \dfrac{y^2}{400} < 1$

g) $C : x^2 + y^2 \leq 36$

h) $C : (x + 7)^2 > 4(y - 1)$

124. Soit une conique C et une droite d. Déterminez la position relative de la droite par rapport à la conique et, s'il y a lieu, donnez le ou les points de rencontre.

a) $C : \dfrac{x^2}{234} + \dfrac{y^2}{90} = 1$

$d : x + y - 18 = 0$

b) $C : \dfrac{x^2}{169} - \dfrac{y^2}{25} = 1$

$d : 2x + y - 26 = 0$

c) $C : (x + 8)^2 = -18\left(y - \dfrac{15}{2}\right)$

$d : 4x + 9y - 108 = 0$

d) $C : x^2 + y^2 = 120$

$d : 9x + 11y - 175 = 0$

e) $C : (y + 18)^2 = 36(x - 1)$

$d : 3x - 2y + 26 = 0$

f) $C : x^2 + y^2 = 25$

$d : x + 7y - 25 = 0$

g) $C : \dfrac{x^2}{72} - \dfrac{y^2}{49} = 1$

$d : 7x + 12y = 0$

h) $C : \dfrac{x^2}{48} + \dfrac{y^2}{324} = 1$

$d : 3x + 2y - 36 = 0$

125. Représentez graphiquement les équations et inéquations suivantes.

a) $C : (x + 2)^2 = -4(y - 6)$

b) $C : \dfrac{x^2}{36} + \dfrac{y^2}{16} \geq 1$

c) $C : x^2 + y^2 = 16$

d) $C : x^2 + y^2 \leq 49$

e) $C : \dfrac{x^2}{49} + \dfrac{y^2}{9} = 1$

f) $C : \dfrac{y^2}{400} - \dfrac{x^2}{225} = 1$

g) $C : (y - 1)^2 < 18(x + 5)$

h) $C : \dfrac{y^2}{9} - \dfrac{x^2}{16} \geq 1$

126. Résolvez les systèmes d'équations suivants.

a) $x^2 + y^2 = 169$

$5x + 12y = 169$

b) $\dfrac{x^2}{324} + \dfrac{y^2}{225} = 1$

$9x + 14y = 117$

c) $\dfrac{y^2}{144} - \dfrac{x^2}{49} = 1$

$2x + 7y = 141$

d) $x^2 = 4(y - 5)$

$\dfrac{x^2}{369} + \dfrac{y^2}{225} = 1$

127. Trouvez les coordonnées des points d'intersection entre la droite et la conique représentées dans les graphiques ci-dessous.

a) $\mathbf{A}(6, 0)$, $\mathbf{F}(4, 0)$, $\mathbf{F'}(-4, 0)$, $\mathbf{P}(0, 3)$, $\mathbf{R}(1, 0)$

c) $\mathbf{P}(5, 6)$, $\mathbf{Q}(-2, 6)$, $\mathbf{R}(7, -8)$

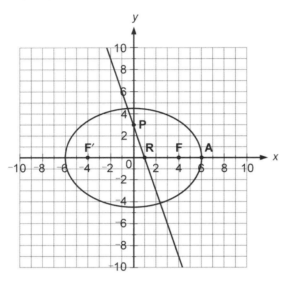

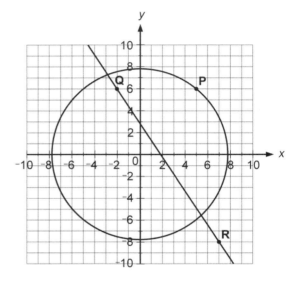

b) $\mathbf{F}(0, 4)$, $\mathbf{F'}(0, -4)$, $\mathbf{P}(6, -4)$, $\mathbf{Q}(-6, 6)$, $\mathbf{R}(7, -8)$

d) $\mathbf{F}(4, 0)$, $\mathbf{Q}(4, 9)$, $\mathbf{R}(0, -7)$

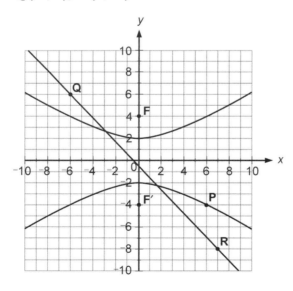

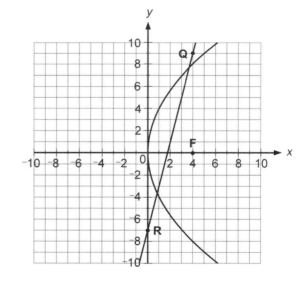

128. Trouvez, si elles existent, les solutions des systèmes d'équations ci-dessous.

a) $\begin{cases} y^2 = -12x \\ 7x + 3y = -15 \end{cases}$

c) $\begin{cases} \dfrac{x^2}{36} + \dfrac{y^2}{85} = 1 \\ -9x + 5y = 72 \end{cases}$

b) $\begin{cases} \dfrac{x^2}{16} - \dfrac{y^2}{9} = 1 \\ -4x + 9y = 9 \end{cases}$

d) $\begin{cases} x^2 + y^2 = 41 \\ 5x + 4y = 41 \end{cases}$

129. Trouvez les coordonnées des points d'intersection entre la parabole translatée et la conique centrée à l'origine représentées dans les graphiques ci-dessous.

a)

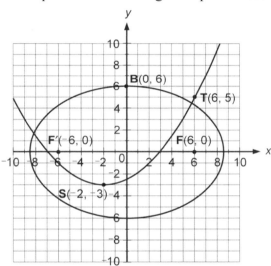

c)

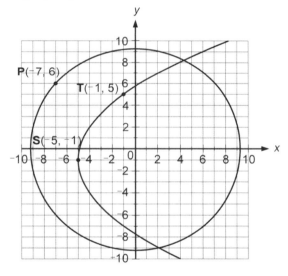

b)

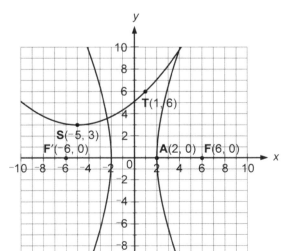

d)

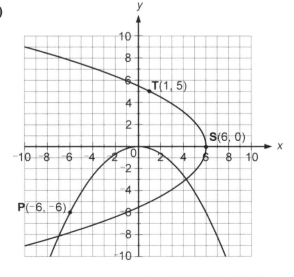

130. Donnez le domaine et l'image des régions illustrées ci-dessous.

a)

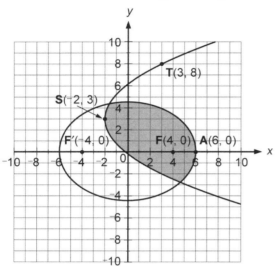

c)

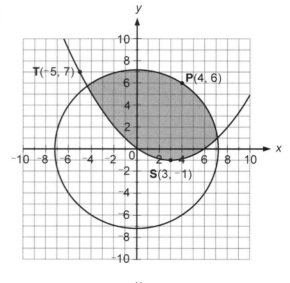

b)

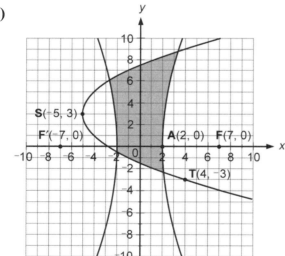

d)

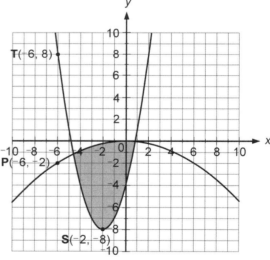

131. Trouvez, si elles existent, les solutions des systèmes d'équations ci-dessous.

a) $\begin{cases} (x-4)^2 = -9(y+1) \\ x^2 + y^2 = 50 \end{cases}$

c) $\begin{cases} (y+2)^2 = 5(x-3) \\ \dfrac{x^2}{32} + \dfrac{y^2}{16} = 1 \end{cases}$

b) $\begin{cases} (y-6)^2 = 14(x-5) \\ \dfrac{x^2}{5} - \dfrac{y^2}{4} = -1 \end{cases}$

d) $\begin{cases} (x+3)^2 = 20(y-4) \\ y^2 = 40x \end{cases}$

132. Donnez le domaine et l'image des régions associées aux systèmes d'inéquations ci-dessous.

a) $\begin{cases} (x-8)^2 \leq -3(y+2) \\ \dfrac{x^2}{81} + \dfrac{y^2}{56} \leq 1 \end{cases}$

b) $\begin{cases} (x+2)^2 \leq -3(y-1) \\ \dfrac{x^2}{9} - \dfrac{y^2}{16} \geq 1 \end{cases}$

c) $\begin{cases} (y+3)^2 < -4(x-2) \\ x^2 + y^2 < 37 \end{cases}$

d) $\begin{cases} (y+5)^2 < 8(x+8) \\ x^2 < 9y \end{cases}$

133. En médecine nucléaire, un examen appelé *scintigraphie* utilise un certain type d'anticorps qui combiné au technétium-99, un isotope radioactif, permet de cerner la localisation et l'étendue d'une infection osseuse. On injecte donc au patient ou à la patiente deux solutions (**A** et **B**). La première est composée de l'anticorps et de chlorure de sodium ; la seconde, de technétium-99 et de chlorure de sodium. On peut ensuite établir un diagnostic à l'aide d'une gamma-caméra.

Avant de procéder à cet examen, il faut déterminer les doses d'anticorps et de technétium-99 à administrer. Selon la masse de la personne, la quantité de solution **A** peut se situer entre 0,6 et 5,6 mL inclusivement, alors que la quantité de solution **B** doit être entre 4 et 8 mL inclusivement. Si l'on veut s'assurer que l'image produite par la gamma-caméra soit nette, la personne doit recevoir une dose de solution **B** au moins deux fois plus grande que celle de la solution **A**. Cependant, il faut aussi tenir compte du fait que la quantité des deux injections ne peut dépasser 9 mL.

Déterminez la quantité de chacune des solutions à injecter au patient ou à la patiente de manière à obtenir une dose totale maximale. Y a-t-il une seule combinaison possible ? Justifiez votre réponse.

134. À l'aide d'une représentation graphique, démontrez une importante propriété de la valeur absolue selon laquelle « la valeur absolue de la somme algébrique de deux nombres réels est inférieure ou égale à la somme des valeurs absolues des composantes de la somme », c'est-à-dire $\forall x$ et $h \in \mathbb{R}$, $|x + h| \leq |x| + |h|$. Considérez tous les cas possibles, soit $x \geq 0$ et $h \geq 0$, $x \leq 0$ et $h \geq 0$, $x \geq 0$ et $h \leq 0$ ainsi que $x \leq 0$ et $h \leq 0$.

135. Une physicienne tente de déterminer la distance focale, c'est-à-dire la distance du foyer à la lentille, d'une lentille mince. Cette distance est donnée par la relation suivante.

$$\frac{1}{d_0} + \frac{1}{d_i} = \frac{1}{d_f}, \text{ où } d_0 \text{ est la distance entre l'objet et la lentille ;}$$

$$d_i \text{ est la distance entre l'image et la lentille ;}$$

$$d_f \text{ est la distance focale.}$$

a) Trouvez l'expression permettant de calculer la distance focale d'une lentille convergente en isolant d_f dans l'expression $\frac{1}{d_0} + \frac{1}{d_i} = \frac{1}{d_f}$.

b) Sachant que les données recueillies par la physicienne indiquent que la distance entre l'objet et la lentille est de 15 cm, déterminez l'équation permettant d'établir la distance focale en fonction de la distance entre l'image et la lentille.

c) Représentez graphiquement, dans un plan cartésien, la fonction trouvée en **b)**.

d) Quelle est la distance entre l'image et la lentille si la distance focale est de 3 cm ?

136. L'énergie cinétique d'un objet en mouvement est donnée par l'équation suivante.

$E_c = \dfrac{mv^2}{2}$, où m est la masse de l'objet (en kilogrammes) ;

v est la vitesse de l'objet (en mètres par seconde) ;

E_c est l'énergie cinétique (en joules).

a) Déterminez l'équation de la vitesse de l'objet en fonction de l'énergie cinétique de ce dernier.

b) Dans un plan cartésien, représentez graphiquement la fonction trouvée en **a)**, sachant que la masse du mobile est de 5 kg.

c) Sachant que la vitesse du mobile est de 10 m/s, déterminez l'énergie cinétique de ce dernier.

137. Afin de s'assurer que l'alimentation des systèmes de survie des astronautes qui travaillent dans la Station spatiale internationale soit continue, la NASA doit déterminer la durée de vie des piles utilisées et, par le fait même, le moment où elles doivent être remplacées. La puissance de ces piles varie selon l'équation suivante.

$P = P_0 \cdot e^{\left(\frac{-t}{275}\right)}$, où P est la puissance de la pile (en volts) ;

P_0 est la puissance initiale de la pile (en volts) ;

t est le temps (en jours) ;

e est une constante mathématique appelée *base naturelle* et dont la valeur approximative est 2,7183.

a) Quelle sera la puissance d'une pile après une année d'utilisation si sa puissance initiale est de 3500 V ?

b) Après combien de temps la puissance de la pile aura-t-elle diminué de moitié ?

c) Sachant qu'il faut remplacer la pile lorsque sa puissance correspond à 10 % de sa valeur initiale, déterminez après combien de temps les astronautes doivent la remplacer.

138. Un circuit électrique est alimenté par une source d'énergie électrique dont l'intensité varie de façon sinusoïdale en fonction du temps. Celle-ci peut être exprimée par la relation suivante.

$I(t) = A\cos(\omega t + \phi)$, où A est l'amplitude maximale de l'intensité ;

t est le temps (en millisecondes) ;

ω est la pulsation angulaire (en radians par milliseconde) ;

ϕ est l'angle de déphasage (en radians).

a) Sachant que l'amplitude maximale de l'intensité de ce courant est de 30 A, que l'intensité initiale du courant est nulle et que ce dernier effectue un cycle complet en 2 ms, déterminez l'équation de cette fonction et représentez-la graphiquement dans un plan cartésien.

b) Quelle est la fréquence de l'intensité de ce courant ?

c) Si le circuit est alimenté durant 10 s, durant combien de temps l'intensité aura-t-elle été supérieure ou égale à 9 A ?

139. La médecine sportive est une discipline médicale qui étudie, entre autres choses, les réactions du corps humain lorsque celui-ci est soumis à un effort physique. Des spécialistes ont établi que, lorsqu'une personne pratiquant un sport s'entraîne, elle doit atteindre une fréquence cardiaque cible afin d'optimiser les effets de l'entraînement. Cette fréquence est calculée à l'aide de l'équation suivante.

$F_c(F_m) = F_r + 0{,}7(F_m - F_r)$, où F_c est la fréquence cardiaque cible (en battements par minute) ;

F_r est la fréquence cardiaque au repos (en battements par minute) ;

F_m est la fréquence cardiaque maximale (en battements par minute).

a) Sachant que la fréquence cardiaque maximale se détermine en soustrayant l'âge de la personne de 220, exprimez cette fréquence sous la forme d'une fonction $F_m(a)$, où a représente l'âge de la personne.

b) Quelle est l'équation de la fonction permettant de déterminer la fréquence cardiaque cible en fonction de l'âge de la personne ?

c) Soit une sportive de 32 ans ayant une fréquence cardiaque au repos de 82 battements par minute. Quelle est sa fréquence cardiaque cible ?

140. Avant l'invention du télescope, les astronomes utilisaient un bâton en croix, aussi nommé *bâton de Jacob,* pour mesurer l'angle formé par les directions de deux étoiles. Le principe était très simple : en plaçant le bâton devant son œil, l'astronome n'avait qu'à faire glisser le curseur **AA′,** perpendiculaire au bâton **BD,** afin de faire coïncider les ouvertures avec les étoiles.

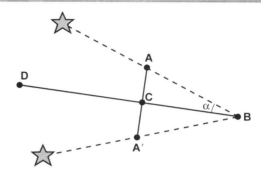

Imaginons un astronome un peu maladroit qui aurait abîmé son bâton en croix et ne pourrait plus y faire glisser un curseur. Il décide donc d'utiliser des curseurs de différentes dimensions qu'il fixe à 30 cm du point **B.**

a) Sachant que $\overline{AC} \cong \overline{A'C}$, déterminez l'équation permettant d'établir la longueur du curseur utilisé $\overline{AA'}$ en fonction de l'angle mesuré α.

b) Si la longueur des curseurs varie entre 5 et 45 cm, quel est l'intervalle des angles α (en radians) pouvant être mesurés à l'aide de ce bâton en croix ?

c) Représentez graphiquement la situation en **b).**

141. Afin de déterminer la densité optique d'une solution contenue dans une cuve, les physiciens et physiciennes utilisent un spectrophotomètre. Cet appareil émet un faisceau d'ondes monochromatiques d'intensité I_0 qui traverse la cuve. Au moment où le faisceau ressort de la solution, un récepteur en capte l'intensité I. La densité optique est alors donnée par la loi de Beer-Lambert, définie par l'équation $D(I) = \log\left(\dfrac{I_0}{I}\right)$.

a) Si l'intensité initiale du faisceau d'ondes est de 1000 nanomètres (nm), déterminez l'équation de la fonction, puis représentez-la graphiquement dans un plan cartésien.

1) $D(I) = 1{,}68$? **2)** $D(I) = 2{,}45$? **3)** $D(I) = 3{,}15$?

b) Quelle est l'intensité du faisceau au moment où il ressort de la solution si :

c) Quelle est la densité optique d'une solution dont la valeur de l'intensité initiale du faisceau est trois fois plus élevée qu'au moment où il ressort de la solution ?

142. Un chimiste veut étudier l'intensité radioactive (en grays) d'un rayon ayant traversé un matériau donné en fonction de l'épaisseur (en centimètres) de ce dernier. Le tableau ci-dessous présente les données qu'il a recueillies.

> La dose absorbée par la matière exposée à un rayonnement correspond à la quantité d'énergie reçue par cette matière, c'est-à-dire la quantité de radiation que cette matière absorbe. Elle se mesure en grays (Gy) et correspond à une énergie de un joule par kilogramme de matière irradiée. Donc 1 Gy vaut 1 J/kg.

Épaisseur du matériau (cm)	1	2	3	4
Intensité radioactive du rayon ayant traversé le matériau (Gy)	350	35	3,5	0,35

a) Quelle est l'équation de cette fonction ?

b) Quelle est l'intensité radioactive initiale du rayon ?

c) Quelle doit être l'épaisseur du matériau pour que l'intensité radioactive du rayon qui le traverse soit réduite de moitié ?

143. Lorsque les radiologistes prennent des radiographies, ils et elles doivent s'assurer d'obtenir une résolution optimale, car, pour poser le bon diagnostic, la qualité de l'image produite doit être excellente. Il leur faut alors tenir compte du facteur d'agrandissement, et c'est la position du patient ou de la patiente entre la source d'émission de rayons X et le détecteur qui déterminera ce facteur. La figure ci-dessous représente la situation.

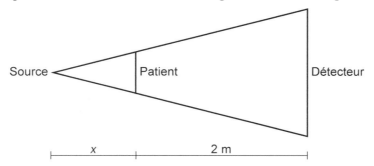

a) Si x est la distance entre le patient et la source, déterminez la fonction représentant le facteur d'agrandissement, sachant que ce facteur est défini comme étant le rapport entre la distance source-détecteur et la distance source-patient.

b) Si la distance source-patient varie entre 0,5 et 2 m, représentez graphiquement cette fonction dans un plan cartésien.

c) À quelle distance de la source le patient doit-il être situé pour que le facteur d'agrandissement soit de 2,25 ?

144. Une climatologue cherche à établir si la vitesse d'un tsunami (en mètres par seconde) est liée à la profondeur de l'océan (en mètres). Le tableau ci-dessous présente les données qu'elle a recueillies.

Profondeur de l'océan (m)	0	500	2000	4500	8000
Vitesse du tsunami (km/h)	0	70	140	210	280

a) Quelle est l'équation de cette fonction ?

b) Représentez graphiquement cette fonction dans un plan cartésien.

c) Quelle est la vitesse du tsunami si la profondeur de l'océan est de :

1) 3000 m ?

2) 5500 m ?

3) 7000 m ?

145. Un médecin spécialisé dans les maladies pulmonaires a mis au point différents examens pour diagnostiquer la maladie pulmonaire obstructive chronique (MPOC). L'un des examens consiste à évaluer la différence, en valeur absolue, entre le volume expiratoire maximal par seconde (en litres) du patient ou de la patiente et une valeur prédite, soit 3,1 L.

   a) Déterminez l'équation de la fonction représentant cette situation et représentez-la graphiquement dans un plan cartésien.

   b) Lorsque la différence entre le volume expiratoire maximal par seconde d'une personne et une valeur prédite est supérieure à 1,5 L, il faut procéder à d'autres examens. Déterminez les différentes valeurs de x pour lesquelles un patient ou une patiente devra subir d'autres examens.

146. En thermodynamique des gaz, la loi de Boyle-Mariotte s'énonce ainsi : à température constante et pour une certaine masse d'un gaz parfait, le produit de la pression exercée sur ce gaz par son volume est constant.

   a) Si le produit de la pression exercée sur un certain gaz parfait (en pascals) par son volume (en millilitres) est égal à 36, quelle est l'équation permettant de déterminer le volume de ce gaz en fonction de la pression exercé sur lui ?

   b) Quel est le domaine de cette fonction ?

   c) Dans un plan cartésien, représentez graphiquement cette fonction.

147. Dans un centre de météorologie, un instrument inspiré du baromètre à mercure de Torricelli enregistre la pression atmosphérique. Un cylindre contenant du mercure, dont une extrémité est hermétiquement fermée alors que l'autre est ouverte et tournée vers le bas, est versé dans un bassin aussi rempli de mercure. La pression atmosphérique fait varier la hauteur du mercure entre 600 et 1000 mmHg, et cette information est transmise à un stylet encreur à l'aide d'un courant variant de 15 à 23 mA. Le stylet reporte ensuite l'information sur une bande de papier de 30 cm de largeur. Il est ainsi possible de suivre les variations de la pression atmosphérique sur une certaine période de temps.

   a) Quelle est la fonction permettant de déterminer le courant (en milliampères) en fonction de la pression atmosphérique (en millimètres de mercure) ?

   b) Quelle est la fonction permettant de déterminer la position du stylet encreur (en centimètres) par rapport au bord inférieur de la bande de papier en fonction du courant (en milliampères) ?

   c) Quelle est la fonction permettant de déterminer la position du stylet encreur par rapport au bord inférieur de la bande de papier en fonction de la pression atmosphérique ?

   d) Quelle est la fonction permettant de déterminer la pression atmosphérique en fonction de la position du stylet encreur par rapport au bord inférieur de la bande de papier ?

148. C'est en 1957 que fut lancé *Spoutnik 1,* le premier satellite artificiel placé sur une orbite autour de la Terre. Celui-ci avait la forme d'une sphère d'aluminium de 58 cm de diamètre, contenant de l'azote, et était muni de quatre antennes. Au cours du circuit de ce satellite, son altitude minimale par rapport à la Terre était de 228 km et son altitude maximale de 948 km.

   a) Quelle était la nature de cette orbite ?

   b) Sachant que le rayon de la Terre est de 6378 km et en situant le centre de la planète à l'origine d'un plan cartésien, déterminez l'équation de la trajectoire de *Spoutnik 1.*

149. Au cours d'une expérience portant sur la diffusion de particules alpha projetées vers le noyau d'un atome, Ernest Rutherford a découvert que celles-ci pouvaient être repoussées par le noyau de l'atome selon une trajectoire ayant la forme d'une hyperbole.

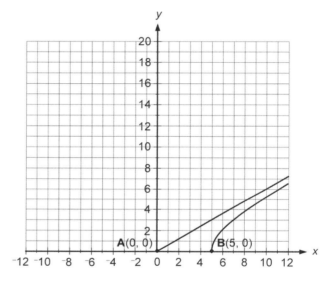

Supposons le noyau d'un atome situé au point **A**(0, 0) d'un plan cartésien. Quelle sera l'équation de la trajectoire d'une particule alpha se déplaçant le long d'une droite d'équation $-3x + 5y = 0$ si elle est repoussée au point **B**(5, 0) ?

150. Afin de modéliser certains phénomènes oscillatoires, il arrive que les physiciens et physiciennes doivent effectuer une somme de fonctions sinus et cosinus. Sachant qu'il est possible d'utiliser l'identité ci-dessous pour transformer une somme de fonctions sinus en un produit, prouvez que $\sin x + \cos x = \sqrt{2} \sin\left(x + \dfrac{\pi}{4}\right)$.

$$\sin \mathbf{A} + \sin \mathbf{B} = 2 \sin\left(\frac{\mathbf{A} + \mathbf{B}}{2}\right) \cos\left(\frac{\mathbf{A} - \mathbf{B}}{2}\right)$$

151. Au cours d'expériences visant à analyser le comportement de la lumière réfléchie par les miroirs courbes (miroirs sphériques, elliptiques, hyperboliques et paraboliques), des physiciens ont découvert que les miroirs paraboliques ont une propriété particulière : tous les rayons parallèles à l'axe focal de la parabole et réfléchis sur cette dernière convergent vers le foyer. En raison de cette propriété optique de la parabole, les miroirs paraboliques sont fréquemment utilisés dans différents domaines aussi variés que l'astronomie ou les télécommunications.

151. (*suite*)

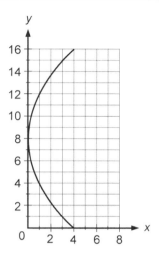

a) Soit le miroir parabolique représenté ci-contre.

Le miroir parabolique étant en contact avec l'axe des abscisses au point **A**(4, 0) et son sommet étant situé au point **S**(0, 8), déterminez l'équation qui le modélise.

b) Un capteur doit être situé au foyer de ce miroir afin de recueillir les rayons lumineux ayant convergé vers celui-ci. Déterminez les coordonnées du capteur.

c) Quelle sera la longueur de la trajectoire d'un rayon lumineux émis parallèlement à l'axe focal à partir du point **I**(19, 14) ?

152. Si les satellites géostationnaires semblent immobiles par rapport à un point de référence sur la Terre, c'est parce que leur orbite circulaire se situe sur le même plan que l'équateur à une altitude de 35 786 km et que leur vitesse de rotation est la même que celle de la Terre. Pour mettre en orbite un tel satellite, il y a trois étapes. Tout d'abord, le satellite est placé sur une orbite circulaire à une altitude de 200 km. Ensuite, à l'aide d'une petite impulsion, la trajectoire du satellite devient une ellipse dont le grand axe mesure 84 328 km et le petit axe 13 156 km. Finalement, une dernière impulsion situe le satellite sur une orbite circulaire, comme l'illustre le schéma ci-contre où le centre de la Terre correspond à l'origine d'un plan cartésien.

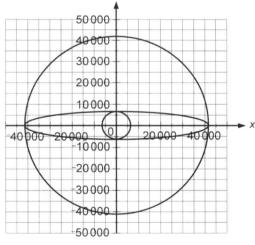

Sachant que le rayon de la Terre est de 6378 km et que l'axe horizontal de l'ellipse est situé sur l'axe des abscisses, déterminez l'équation des trois trajectoires du satellite.

153. En mathématiques, en physique, en mécanique et en astronomie, la notion de centre de gravité d'un triangle est couramment utilisée. Ce centre de gravité représente le point sur lequel on pourrait faire tenir en équilibre une plaque de forme triangulaire $\overrightarrow{BC}$, $\overrightarrow{AC}$ et $\overrightarrow{AB}$. Le centre de gravité est représenté par le point **M** et satisfait la relation $\overrightarrow{MA} + \overrightarrow{MB} + \overrightarrow{MC} = \vec{0}$.

a) À l'aide des vecteurs, démontrez qu'il existe un seul point **M** satisfaisant la relation $\overrightarrow{MA} + \overrightarrow{MB} + \overrightarrow{MC} = \vec{0}$.

b) Démontrez, à l'aide des vecteurs, que ce point **M** est situé à l'intersection des médianes du triangle **ABC**.

154. C'est à Apollonios de Perga, un géomètre et astronome grec, que l'on doit le théorème de la médiane. Ce théorème établit une relation entre la longueur de la médiane d'un triangle et la longueur des côtés de ce dernier.

a) Soit un triangle **ABC** et $\overrightarrow{AM}$ la médiane issue de **A.** À l'aide des vecteurs, démontrez que la relation entre la longueur de la médiane d'un triangle et la longueur des côtés de ce dernier est $\overrightarrow{AB}^2 + \overrightarrow{AC}^2 = 2\overrightarrow{AM}^2 + 2\overrightarrow{BM}^2$. Vous pouvez utiliser la propriété des vecteurs selon laquelle $\overrightarrow{AB}^2 = \overrightarrow{AB} \cdot \overrightarrow{AB}.$

b) Soit un triangle **ABC** rectangle en **C** et $\overrightarrow{CM}$ la médiane issue de **C.** Démontrez, à l'aide des vecteurs, que $\overrightarrow{CM} = \dfrac{1}{2}\left(\overrightarrow{CB} + \overrightarrow{CA}\right)$.

155. Une étudiante en physique étudie les forces auxquelles est soumis un chariot de 500 g, retenu par un fil de fer, sur un plan incliné de 20° par rapport à l'horizontal. Elle identifie trois forces agissant sur le chariot : le poids $\vec{p}$ du chariot, la force normale $\vec{n}$ (perpendiculaire au plan incliné) et la force exercée par le fil $\vec{f}$, tel que l'illustre le schéma ci-contre.

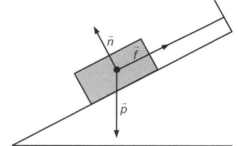

Sachant que le poids (en newtons) est déterminé à l'aide de la relation $\vec{p} = m\vec{g}$, où m est la masse de l'objet (en kilogrammes) et $\vec{g}$ la force gravitationnelle exercée par la Terre, soit 9,8 N/kg, et que la force exercée par le fil est de 3 N, déterminez la force normale $\vec{n}$ si le chariot est en équilibre.

156. Une installation électrique est composée de deux appareils d'intensités différentes. L'intensité du premier est de 7,4 A et l'angle de déphasage est de 36° alors que l'intensité du second est de 9,6 A et l'angle de déphasage est de 62°.

a) Représentez, sous forme de vecteurs, les intensités respectives des deux appareils.

b) Puisque la valeur de l'intensité absorbée par cette installation correspond à la somme vectorielle des intensités respectives des deux appareils, déterminez la norme et l'angle de déphasage de l'intensité absorbée par l'installation.

157. Afin de déterminer la hauteur d'un astre **E,** une astronome se place en un point **A** et, à l'aide d'un sextant, détermine que l'angle d'élévation de l'astre est de α radians. Elle se déplace ensuite de x mètres vers un point **B.** Toujours à l'aide de son sextant, l'astronome détermine que l'angle d'élévation de l'astre est alors de β radians.

Démontrez que la hauteur de l'astre est donnée par $\dfrac{x \sin\alpha \sin\beta}{\sin\beta \cos\alpha - \sin\alpha \cos\beta}$.

158. Tout mouvement harmonique peut être défini par l'amplitude A des oscillations, la fréquence ωt de celles-ci et la position initiale ϕ. Il est possible de représenter graphiquement ces caractéristiques par un vecteur.

La position de l'extrémité de ce vecteur peut se modéliser par une fonction sinusoïdale ayant la forme suivante.

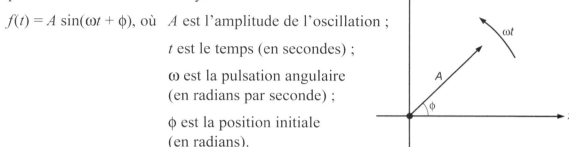

$f(t) = A \sin(\omega t + \phi)$, où A est l'amplitude de l'oscillation ;

   t est le temps (en secondes) ;

   ω est la pulsation angulaire (en radians par seconde) ;

   ϕ est la position initiale (en radians).

Pour déterminer l'oscillation résultante de deux oscillations de même fréquence, mais d'amplitude et de position initiale différentes, on doit utiliser le vecteur de Fresnel. Ce vecteur est la somme géométrique des deux vecteurs représentant ces deux oscillations.

Soit les deux oscillations données par $f_1(t) = 5 \sin\left(3t + \dfrac{\pi}{6} \right)$ et $f_2(t) = 8 \sin\left(3t + \dfrac{\pi}{4} \right)$.

Déterminez l'équation de l'oscillation résultante, sachant que la somme de deux fonctions sinusoïdales de même fréquence ωt est aussi une fonction sinusoïdale de fréquence ωt et que l'amplitude et la position initiale de cette oscillation résultante correspond au vecteur de Fresnel.

159. Soit deux vecteurs unitaires $\vec{u}$ et $\vec{v}$ dont les extrémités sont situées sur le cercle trigonométrique, tel que l'illustre le schéma ci-dessous.

a) Quelle est la fonction représentant le produit scalaire de deux vecteurs unitaires en fonction de l'angle θ formé par ces derniers ?

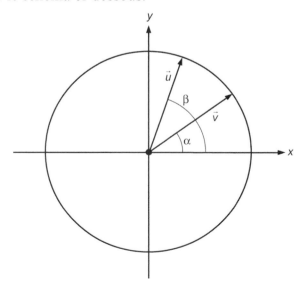

b) Dans un plan cartésien, représentez graphiquement la fonction trouvée en **a)** pour des valeurs de θ variant entre -2π et 2π.

c) À l'aide des identités trigonométriques, démontrez que le produit scalaire de deux vecteurs correspond à la somme du produit de leurs composantes verticales et du produit de leurs composantes horizontales.

160. Depuis le début des années 1990, les télescopes à miroir liquide ont révolutionné le monde de l'astronomie. En effet, au lieu de se servir d'un miroir en verre de forme parabolique, ce qui est très coûteux, les astrophysiciens et astrophysiciennes utilisent un bassin de mercure en rotation qui, grâce à la force centrifuge, épouse la forme d'une parabole parfaite.

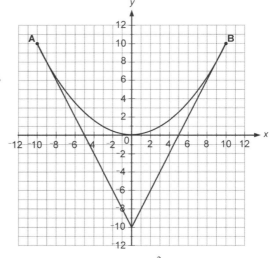

Un astrophysicien de la NASA veut mettre au point un nouveau modèle de télescope à miroir liquide. Pour ce faire, il a modélisé le bassin et le mercure en rotation dans le plan ci-contre, où 1 unité = 1 dm.

Les points **A** et **B** se situent à l'intersection de la parabole d'équation $y = \dfrac{x^2}{10}$ et des droites d'équations $y = 2x - 10$ et $y = -2x - 10$.

a) Démontrez que ces droites sont tangentes à la parabole et déterminez les coordonnées des points **A** et **B**.

b) Quelle est l'équation de l'unique fonction modélisant les surfaces latérales du cône contenant le mercure ?

c) Quel est, en degrés, l'angle d'ouverture du cône contenant le mercure ?

d) Quelle est la distance focale de ce télescope ?

161. Un objet de 2 kg se déplace dans le sens antihoraire autour d'un corps, sur une trajectoire circulaire d'équation $x^2 + y^2 = 100$. La vitesse minimale (en mètres par seconde) permettant à cet objet de se déplacer sur cette trajectoire dépend de l'attraction gravitationnelle (en newtons) exercée sur l'objet en déplacement par le corps au centre de la trajectoire. La table de valeurs ci-dessous illustre la situation.

g (N)	0	0,9	4,9	8,1	19,6	28,9
V(g) (m/s)	0	3	7	9	14	17

a) Quelle est l'équation exprimant la vitesse minimale en fonction de l'attraction gravitationnelle ?

b) Sachant que l'attraction gravitationnelle exercée sur l'objet en déplacement par le corps au centre de la trajectoire est de 2,5 N, déterminez la vitesse minimale nécessaire à cet objet pour se déplacer sur cette trajectoire circulaire.

c) La vitesse de l'objet étant constante, on peut la représenter par un vecteur tangent à chaque point de la trajectoire. Quelle est l'équation de la tangente supportant le vecteur vitesse au point **M**(8, 6) ?

d) Dans un plan cartésien, représentez la trajectoire de cet objet ainsi que le vecteur vitesse au point **M**.

162. La lumière peut être représentée par une onde ondulatoire vectorielle, c'est-à-dire décrite à l'aide de vecteurs, et c'est cette conception vectorielle qui permet d'expliquer le phénomène de polarisation présent dans des technologies comme les écrans à cristaux liquides ou le cinéma en 3D. La polarisation consiste à imposer une trajectoire au champ électrique. Lorsqu'une onde est polarisée, l'extrémité du vecteur du champ électrique décrit un cercle dans le cas d'une polarisation circulaire. Ce cercle de polarisation est situé dans un plan orthogonal qui est horizontal par rapport à la direction de la propagation de l'onde. L'onde polarisée circulairement se propage donc dans l'espace selon une direction verticale et perpendiculaire au plan d'onde horizontal.

a) Sachant que l'origine du vecteur du champ électrique est située au point $(0, 0)$ et son extrémité au point $(15, -8)$, déterminez l'équation du cercle de polarisation.

b) Quelle est l'équation permettant de déterminer la composante horizontale en fonction de l'orientation, en radians, du vecteur du champ électrique ?

c) Dans un plan cartésien, représentez graphiquement la fonction trouvée en b).

163. Des astrophysiciens et astrophysiciennes veulent déterminer le barycentre d'un satellite (S) de masse m en orbite autour d'une planète (P) dont la masse est de 6 yoctogrammes (yg), soit 6×10^{21} kg. Pour ce faire, ils utilisent la définition suivante.

Le barycentre de **A** et **B**, deux points fixes de masses m_1 et m_2, est l'unique point **G** tel que $m_1\overrightarrow{AG} + m_2\overrightarrow{BG} = \vec{0}$. Le barycentre, aussi appelé *centre de masse,* est donc le centre des poids. C'est le point d'équilibre de deux points affectés de deux masses.

a) Déterminez la position du barycentre par rapport à $\overrightarrow{PS}$.

b) Sachant que la distance entre la planète et le satellite est de 100 km, quelle est l'équation permettant de déterminer la norme de $\overrightarrow{PG}$ en fonction de la masse du satellite ?

c) Dans un plan cartésien, représentez graphiquement la fonction trouvée en b).

d) Si la norme de $\overrightarrow{PG}$ est de 25 km, quelle est la masse du satellite ?

164. Une hyperbole est dite *équilatère* si ses asymptotes sont perpendiculaires. Vous allez maintenant démontrer comment une telle hyperbole peut être associée à une fonction.

a) Posez une condition sur les paramètres a et b afin que l'hyperbole décrite par l'équation $\dfrac{x^2}{a^2} - \dfrac{y^2}{b^2} = 1$ soit équilatère. Justifiez votre réponse.

b) À partir de ce que vous avez obtenu en a), déterminez l'équation simplifiée d'une hyperbole équilatère.

c) Soit un point **P**(x, y) appartenant à l'hyperbole équilatère. Quelles seront les coordonnées du point **P** s'il subit une rotation de $\dfrac{\pi}{4}$ rad dans le sens antihoraire par rapport à l'origine d'un plan cartésien ?

d) Quelle est l'équation de cette hyperbole équilatère ayant subi une rotation de 45° dans le sens antihoraire par rapport à l'origine d'un plan cartésien ?

e) À quelle fonction pouvez-vous associer cette hyperbole ?

165. Le gain d'une antenne parabolique est habituellement exprimé en décibels et représente la façon dont est réparti le rayonnement de l'antenne. Le gain est déterminé par l'équation suivante.

$$G = 10 \log\left(k\left(\frac{\pi d}{\lambda}\right)^2\right),$$ où G : le gain de l'antenne parabolique (en décibels) ;

k : le coefficient d'efficacité ;

d : le diamètre de l'antenne parabolique (en mètres) ;

λ : la longueur d'onde (en mégahertz).

a) Soit une antenne parabolique d'axe horizontal, centrée à l'origine, dont la distance focale est de 0,4 m et la profondeur de 0,9 m. Le coefficient d'efficacité de cette antenne étant de 0,55 et la longueur d'onde de 0,85 MHz, déterminez le gain de cette antenne.

b) Déterminez l'effet sur le gain lorsque le diamètre de l'antenne double.

166. Un système masse-ressort est un système mécanique couramment utilisé en physique, constitué d'une masse m fixée à un ressort et se déplaçant sur un plan vertical. Si l'on fait subir à cette masse un déplacement initial de 5 cm vers le bas, puis que l'on relâche le système masse-ressort, celle-ci s'élèvera de 5 cm au-dessus du point initial. Cette oscillation peut être décrite par la fonction sinusoïdale suivante.

$x(t) = A \cos(\omega t + \pi)$, où $x(t)$ est la position de la masse par rapport à la position initiale ;

A est l'amplitude du mouvement ;

ω est la pulsation du mouvement ;

t est le temps (en secondes).

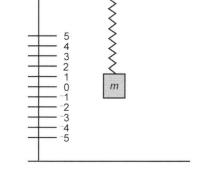

a) Sachant que la constante de rappel k de ce ressort est 4, que la masse est de 9 g et que la pulsation du mouvement est donnée par $\sqrt{\left(\dfrac{k}{m}\right)}$, déterminez la fonction représentant l'oscillation de ce système masse-ressort.

b) Si le système oscille durant 24 s, combien de fois passera-t-il par sa position initiale ?

c) Quant à l'énergie mécanique de ce système, elle demeure constante tout au long de l'oscillation et est décrite par l'équation $E_m = \dfrac{kx^2}{2} + \dfrac{my^2}{2}$. Déterminez de quel type de conique il s'agit et donnez les coordonnées de ses foyers.

167. Un physicien veut modéliser le mouvement d'un pendule dont l'origine est située au point (0, 0). Le pendule est constitué d'un fil rigide d'une longueur de l cm auquel est suspendue une masse.

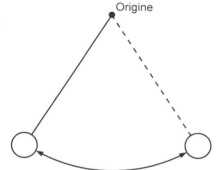

a) La masse se déplaçant sur un arc de cercle, déterminez l'équation de la trajectoire de ce pendule.

b) Sachant que la position initiale de la masse est au point (-8, -15) et sa position extrême au point (8, -15), déterminez la longueur de la trajectoire du pendule pour une oscillation.

c) Le temps requis pour que la masse effectue une oscillation est donné par l'équation

$$T(l) = 2\pi\sqrt{\frac{l}{g}},$$ où l est la longueur du fil rigide

et g la constante gravitationnelle, soit 9,81 m/s². Déterminez la vitesse moyenne de la masse au cours d'une oscillation.

168. Le radiotélescope d'Arecibo, sur l'île de Porto Rico, est l'un des plus grands du monde. Utilisés en radioastronomie pour capter les ondes radioélectriques émises par les astres, les radiotélescopes ont la forme d'un paraboloïde. Les astrophysiciens et astrophysiciennes qui conçoivent ce type de télescopes doivent toujours tenir compte du pouvoir de résolution. Celui-ci est défini comme la distance angulaire minimale entre deux objets permettant de les distinguer. Le pouvoir de résolution d'un radiotélescope est donné par l'équation suivante.

$$P(d) = 1{,}22\frac{\lambda}{d},$$ où $P(d)$ est le pouvoir de résolution (en degrés) ;

λ est la longueur d'onde observée (en hertz) ;

d est le diamètre du radiotélescope (en mètres).

a) Soit un radiotélescope d'axe horizontal, centré à l'origine, dont la distance focale est de 132,5 m et la profondeur de 44 m, observant une longueur d'onde de 1250 Hz. Quel est le pouvoir de résolution de ce radiotélescope ?

b) Le pouvoir séparateur de l'œil humain est de $0{,}01\overline{6}°$. Si les astrophysiciens et astrophysiciennes voulaient obtenir le même pouvoir séparateur que l'œil humain, quel serait alors le diamètre du radiotélescope ?

169. En observant l'espace, des astronomes ont découvert que des amas de galaxies pouvaient agir comme des lentilles. En effet, ce phénomène se produit lorsque les rayons d'une source lumineuse lointaine traversent un amas de galaxies ; les rayons lumineux sont alors déviés et l'observateur ou l'observatrice voit deux ou même plusieurs images de la source lumineuse. Lorsque la source lumineuse, l'amas de galaxies et l'observateur sont alignés, les rayons lumineux forment alors un cercle appelé *anneau d'Einstein* autour de l'amas de galaxies.

Le rayon de ce cercle est proportionnel à la racine carrée de la masse de l'amas de galaxies et à l'inverse de la racine carrée de la distance entre la source et l'observateur.

a) Déterminez l'équation permettant d'établir le rayon d'Einstein en fonction de la masse de l'amas de galaxies et de la distance entre la source et l'observateur.

b) Quelle est l'équation d'un anneau d'Einstein modélisé dans le plan cartésien de façon qu'il soit centré à l'origine ?

170. Bernard, un biologiste de la vie marine, veut recréer un environnement marin. Pour ce faire, il veut construire un aquarium, non couvert, ayant la forme d'un prisme rectangulaire d'une hauteur de 2 m et qui occupera le plus grand espace possible. Il veut que la largeur de la base soit d'au minimum 1 m et aimerait que la longueur de la base mesure au maximum 2 m de plus que la largeur. Pour fabriquer l'aquarium, il ne dispose que de 32 m^2 de matériau.

a) Quelles doivent être les dimensions de l'aquarium ?

b) Afin de recréer l'environnement naturel de deux espèces de poissons auxquelles il s'intéresse, Bernard doit modifier le pH de l'eau. Celui-ci est donné par $f(x) = -\log x$, où x est la concentration d'ions hydrogène (en moles par litre) et $f(x)$ le pH de l'eau de l'aquarium. Si Bernard veut diminuer le pH de l'eau de 0,7 unité, comment doit-il modifier la concentration d'ions hydrogène ?

c) Bernard est maintenant prêt à mettre les deux espèces de poissons dans l'aquarium afin de commencer son étude. Il dispose de 8 individus de l'espèce **A** et de 12 individus de l'espèce **B**. Sachant que la population de l'espèce **A** augmente de 25 % par année et celle de l'espèce **B** de 10 % par année, Bernard aimerait savoir après combien de temps les deux populations compteront le même nombre d'individus.

Module 1 – L'optimisation

1. a)

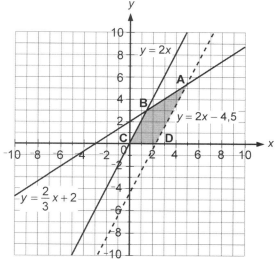

Les sommets sont $A\left(\dfrac{39}{8}, \dfrac{21}{4}\right)$, $B\left(\dfrac{3}{2}, 3\right)$,

$C(0, 0)$ et $D\left(\dfrac{9}{4}, 0\right)$.

c)

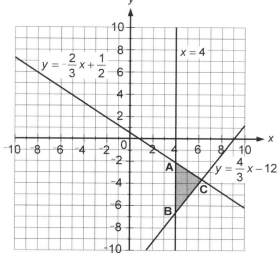

Les sommets sont $A\left(4, -\dfrac{13}{6}\right)$, $B\left(4, -\dfrac{20}{3}\right)$

et $C\left(\dfrac{25}{4}, -\dfrac{11}{3}\right)$.

b)

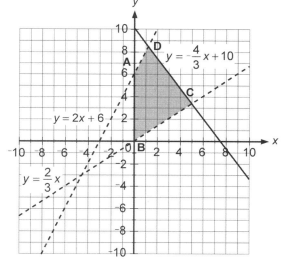

Les sommets sont $A(0, 6)$, $B(0, 0)$,

$C\left(5, \dfrac{10}{3}\right)$ et $D\left(\dfrac{6}{5}, \dfrac{42}{5}\right)$.

d)

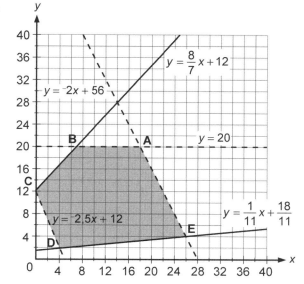

Les sommets sont $A(18, 20)$, $B(7, 20)$, $C(0, 12)$, $D(4, 2)$ et $E(26, 4)$.

e)

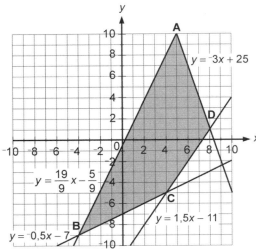

$y = {}^-3x + 25$

$y = \dfrac{19}{9}x - \dfrac{5}{9}$

$y = {}^-0,5x - 7$

$y = 1,5x - 11$

Les sommets sont A(5, 10), B($^-$4, $^-$9), C(4, $^-$5) et D(8, 1).

f)

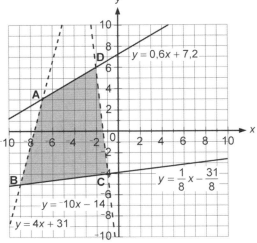

$y = 0,6x + 7,2$

$y = \dfrac{1}{8}x - \dfrac{31}{8}$

$y = {}^-10x - 14$

$y = 4x + 31$

Les sommets sont A($^-$7, 3), B($^-$9, $^-$5), C($^-$1, $^-$4) et D($^-$2, 6).

2. **x** : le nombre de sacs de la première marque.

y : le nombre de sacs de la seconde marque.

Contraintes :

$20x + 25y \leq 300$

$0,5x + 0,45y \geq 4,5$

$0,4x + 0,25y \geq 3$

$x \geq 0$

$y \geq 0$

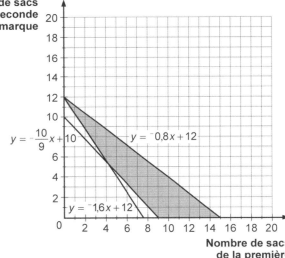

Nombre de sacs de la seconde marque

$y = -\dfrac{10}{9}x + 10$

$y = {}^-0,8x + 12$

$y = {}^-1,6x + 12$

Nombre de sacs de la première marque

3. **a)** **x** : le nombre de tablettes de chocolat.

   y : le nombre de suçons.

   b) $Z - 5x + 2y$

   c) 1) $x \geq 0$

   2) $y \geq 0$

   3) $x \leq 220$

   4) $y \leq 2x$

   5) $y \geq x + 100$

d)

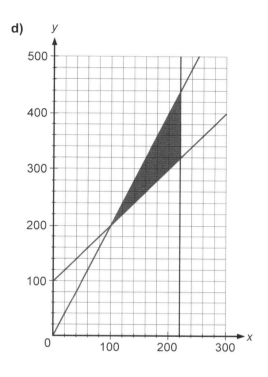

e) (100, 200), (220, 320), (220, 440)

f) Pour maximiser les profits, les jeunes doivent passer une commande de 220 tablettes de chocolat et de 440 suçons. Ils réaliseront alors des profits de 1980 $.

4. a) x : le nombre de portraits de groupe.

y : le nombre de portraits individuels.

b) $Z - 50x + 20y$

c)
1) $y \geq 0$
2) $x \geq 30$
3) $y \leq 90$
4) $x + y \leq 150$
5) $y \geq 2x$

d) Voir le graphique ci-contre.

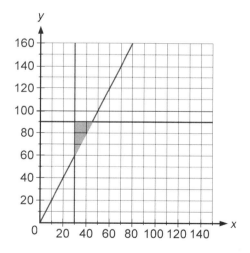

e) (30, 60), (30, 90), (45, 90)

f) Pour minimiser ses coûts de production, Sébastien doit produire 30 portraits de groupe et 60 portraits individuels. Ses coûts seront de 2700 $.

Module 2 – La fonction valeur absolue

5.

Équation	Domaine	Image	Abscisse à l'origine	Ordonnée à l'origine	Sommet
a)	IR	[-5, +∞[	(1, 0) et (2, 0)	(0, 10)	$\left(\dfrac{3}{2}, -5\right)$
b)	IR	[1, +∞[	Aucune.	(0, 7)	$\left(\dfrac{3}{2}, 1\right)$
c)	IR	]-∞, 0]	(4, 0)	(0, -16)	(4, 0)
d)	IR	]-∞, 11]	$\left(-\dfrac{14}{9}, 0\right)$ et $\left(\dfrac{8}{9}, 0\right)$	(0, 8)	$\left(-\dfrac{1}{3}, 11\right)$
e)	IR	]-∞, 3]	(-14, 0) et (-2, 0)	(0, -1)	(-8, 3)
f)	IR	[8, +∞[	Aucune.	(0, 14)	(3, 8)
g)	IR	[-6, +∞[	(-15, 0) et (21, 0)	(0, -5)	(3, -6)
h)	IR	[15, +∞[	Aucune.	(0, 19)	$\left(\dfrac{2}{3}, 15\right)$

6. a)

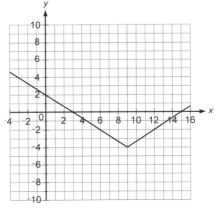

b)

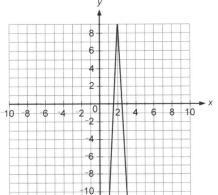

c)

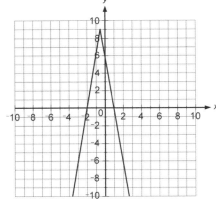

d)

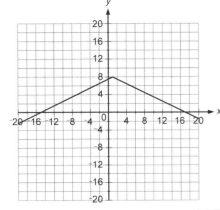

e)

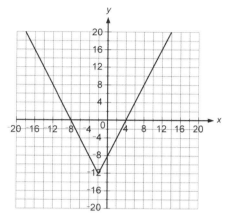

g)

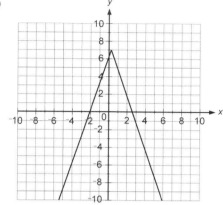

f)

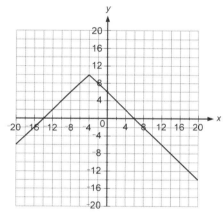

h)

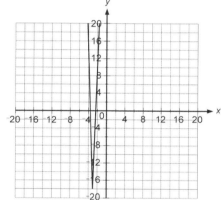

7. a) $x \in \left\{-\dfrac{25}{2}, \dfrac{23}{2}\right\}$

b) $x \in \left]-\infty, -\dfrac{1}{2}\right] \cup \left[\dfrac{7}{6}, +\infty\right[$

c) $x + 0$

d) $x \in \left]-\infty, 1\right]$

e) $x \in \{-3, 9\}$

f) $x \in \left]-\infty, -1\right[\cup \left]\dfrac{3}{2}, +\infty\right[$

g) $x \in \left\{-\sqrt{3}, -1, 1, \sqrt{3}\right\}$

h) $x \in \left]-\infty, 1 - \sqrt{6}\right] \cup \left[1 - \sqrt{2}, 1 + \sqrt{2}\right]$
$\cup \left[1 + \sqrt{6}, +\infty\right[$

8. a)

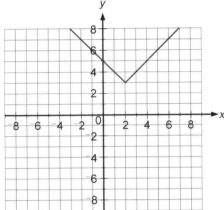

c)

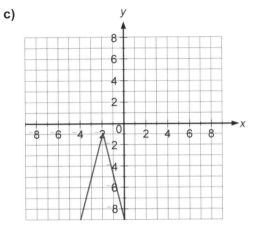

b)

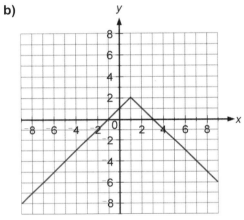

d)

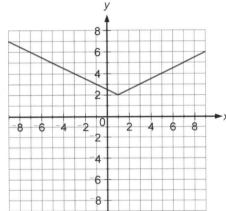

9. C)

10. Faux, il s'agit de la droite d'équation $x = 3$.

11. b) 1)

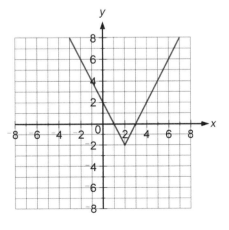

2)

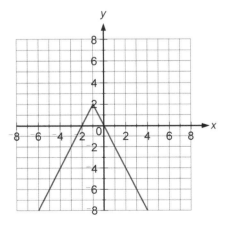

3)

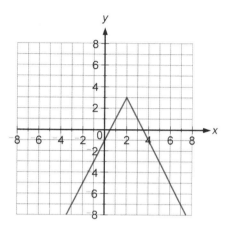

4)

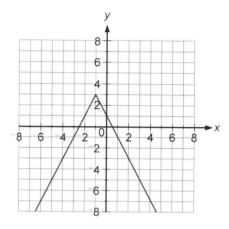

12. a) $x = -\dfrac{13}{2}$ ou $x = \dfrac{11}{2}$.

b) $x = -\dfrac{18}{5}$

c) $x + 8$ ou $x = \dfrac{4}{5}$.

d) $x + {}^-1$ ou $x = -\dfrac{19}{13}$.

Module 3 – La fonction racine carrée

13. B)

14. b) 1)

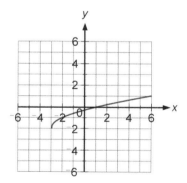

3)

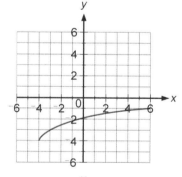

2)

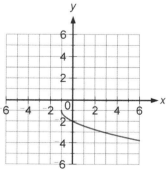

4)

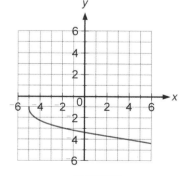

15. a) $f(x) = -\sqrt{x + 4} + 2$

b) $f(x) = \sqrt{-x + 2} - 1$

16. a) Domaine : $]-\infty, -1]$

   Image : $[2, +\infty[$

   b) Domaine : $[-2, +\infty[$

   Image : $]-\infty, 1]$

17. a) Domaine : $[2, +\infty[$

   Sommet : $(2, 2)$

   Zéro : 4

   b) Domaine : $]-\infty, 4]$

   Sommet : $(4, 0)$

   Zéro : 4

   c) Domaine : $\left[\dfrac{1}{2}, +\infty\right[$

   Sommet : $\left(\dfrac{1}{2}, -2\right)$

   Zéro : $\dfrac{5}{2}$

   d) Domaine : $]-\infty, -4]$

   Sommet : $(-4, 1)$

   Zéro : aucun.

18. a) La fonction est croissante sur l'intervalle $\left[\dfrac{5}{3}, +\infty\right[$.

   b) La fonction est croissante sur l'intervalle $]-\infty, 3]$.

   c) La fonction est décroissante sur l'intervalle $[-4, +\infty[$.

   d) La fonction est décroissante sur l'intervalle $]-\infty, 1]$.

   e) La fonction est croissante sur l'intervalle $[1, +\infty[$.

   f) La fonction est décroissante sur l'intervalle $]-\infty, 0]$.

19. a) $x = -\dfrac{17}{4}$ ou $x = \dfrac{1}{4}$.

   b) $x + 5 + 2\sqrt{2}$ ou $x = 5 - 2\sqrt{2}$.

   c) $x + {-3}$ ou $x + {-5}$.

   d) $x + \dfrac{9}{4}$

20. a)

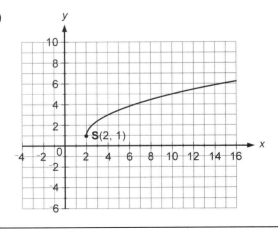

   b)

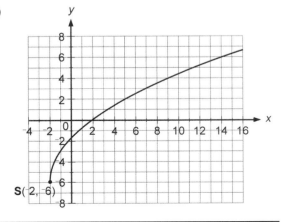

c)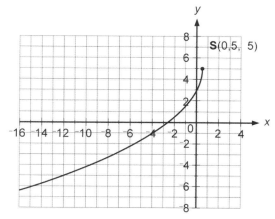

S(0,5, 5)

e)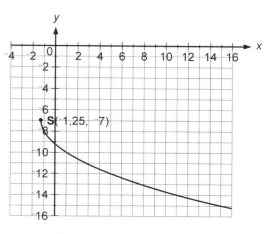

S(-1,25, -7)

d)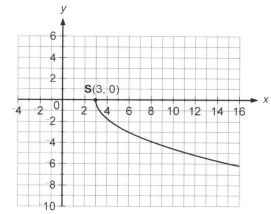

S(3, 0)

f)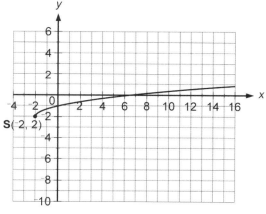

S(-2, 2)

---

21. a) $f(x) = \dfrac{1}{2}\sqrt{7\left(x - \dfrac{3}{7}\right)} + 1$

dom $f = \left[\dfrac{3}{7}, +\infty\right[$

ima $f = [1, +\infty[$

b) $f(x) = -\sqrt{-8\left(x - \dfrac{1}{4}\right)}$

dom $f = \left]-\infty, \dfrac{1}{4}\right]$

ima $f =]-\infty, 0]$

c) $f(x) = 3\sqrt{2(x + 3)} - 2$

dom $f = [-3, +\infty[$

ima $f = [-2, +\infty[$

d) $f(x) = -\dfrac{4}{9}\sqrt{3(x + 5)} + 6$

dom $f = [-5, +\infty[$

ima $f =]-\infty, 6]$

22. a) La valeur minimale est -5.

b) La valeur maximale est 0.

c) La valeur minimale est -1.

d) La valeur maximale est 3.

Module 4 – La fonction rationnelle

23. A)

24. b) 1)

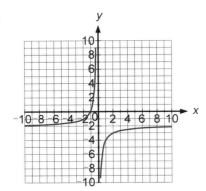

3)

2)

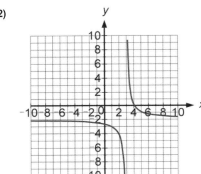

4)

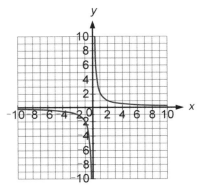

25. Le point de rencontre des deux asymptotes est $\left(\dfrac{1}{3}, \dfrac{1}{3}\right)$.

26. a)

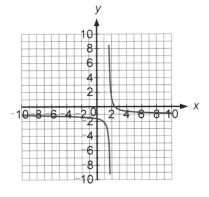

b)

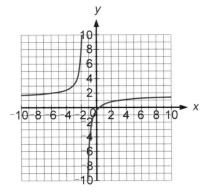

27. a) dom. $f : \mathbb{R}\backslash\{0\}$ A.V. : $x = 3$

        A.H. : $y = 0$ Zéro : Aucun.

  b) dom. $f : \mathbb{R}\backslash\{4\}$ A.V. : $x = 4$

        A.H. : $y = -4$ Zéro : $\dfrac{3}{4}$

  c) dom. $f : \mathbb{R}\backslash\{1\}$ A.V. : $x = -1$

        A.H. : $y = -3$ Zéro : $-\dfrac{5}{6}$

  d) dom. $f : \mathbb{R}\backslash\left\{\dfrac{2}{3}\right\}$ A.V. : $x = \dfrac{2}{3}$

        A.H. : $y = \dfrac{2}{3}$ Zéro : $\dfrac{3}{2}$

28. a) $f(x) = \dfrac{11}{18\left(x - \dfrac{2}{3}\right)} + \dfrac{1}{3}$

  b) $f(x) = \dfrac{-29}{x + 7} + 4$

  c) $f(x) = \dfrac{10}{x - 1} + 2$

  d) $f(x) = \dfrac{26}{25\left(x + \dfrac{2}{5}\right)} - \dfrac{3}{5}$

  e) $f(x) = \dfrac{12}{x - \dfrac{11}{3}} + 4$

  f) $f(x) = \dfrac{-47}{x + 5} + 9$

29. a) $x = \dfrac{2}{5}$

  b) $x = \dfrac{5}{3}$

  c) $x = -\dfrac{3}{2}$

  d) $x \in \,]{-2}, -1]$

  e) $x = 6$ ou $x = -4$.

  f) $x = \dfrac{4}{9}$

  g) $x = 1$ ou $x = 7$.

  h) $x \in \left[-\dfrac{5}{4}, -\dfrac{1}{4}\right[$

Module 5 – Les opérations sur les fonctions

30. a) $\dfrac{3x^2 + 5x + 3}{(x + 1)(2x + 3)}$

g) 1

b) $\dfrac{-x^2 + 7x + 7}{x(3x + 7)}$

h) $\dfrac{(x - 1)^2}{x}$

c) $\dfrac{x^2 - 3}{x(x + 1)^2}$

i) $x + 3$

d) $\dfrac{x + 5}{(x - 3)(x + 3)(x + 1)}$

j) $2x + 5$

e) $\dfrac{-x^2 + 3}{3x + 7}$

k) $\dfrac{4(1 - 3x^2)}{x(1 + 4x^2)}$

f) $(x - 1)(x^2 + x + 1)$

l) $\dfrac{3x + 1}{x^2 + 8x + 2}$

31. A)

32. a) $\dfrac{3x^2 + 10x + 41}{(2x + 1)^2}$

d) $\sqrt{9x^2 - 6x + 2} + 5$

b) $\dfrac{\sqrt{3x - 1} + 9}{2\sqrt{3x - 1} + 11}$

e) $\dfrac{3x^2 - 2x + 5}{6x^2 - 4x + 3}$

c) $27x^4 - 36x^3 + 24x^2 - 8x + 2$

f) $\dfrac{9x + 8}{4x + 9}$

33. a) $-2x^2 + 4x - 1 + a$

e) $2b^2 - 3b + 1$

b) $2x^2 - 3x + 1 + a$

f) $2a^2 - 4ab + 2b^2 - 3a + 3b + 1$

c) $2x^3 - 3x^2 + x + 2ax^2 - 3ax + a$

g) $2a^2 - 5a + 1$

d) $2x^2 + 4ax + 2a^2 - 3x - 3a + 1$

h) $4ax + 2a^2 - 3a$

34. a) $64x^2 - 72x + 18$

c) $\dfrac{24x - 13}{8x - 8}$

b) $\dfrac{8x^2 - 19x + 17}{x - 2}$

d) $\dfrac{8x^2 - 22x + 12}{3x + 5}$

e) $x^2 + 11x - 6$

g) $-x^2 + 5x - 6$

f) $\dfrac{18x + 52}{x - 2}$

h) $64x - 54$

35. a) 130

d) 0

b) -7

e) $\dfrac{1}{40}$

c) 0

f) -1

36. Les zéros sont $x = 1$ et $x = 3$.

37. a) $\dfrac{6x - 7}{3x + 3}$

d) $\dfrac{(x + 1)(x - 2)}{4x + 1}$

b) $\dfrac{10}{4x^2 - 49}$

e) 1

c) 1

f) $\dfrac{(3x + 2)(x + 1)}{x - 4}$

38. a) $x \in \;]-\infty, \, -2] \cup [-1, \, +\infty[$

b) $x \in \left[\dfrac{1}{2}, \, 5\right]$

Module 6 – La fonction exponentielle

39. B)

40. b) 1)

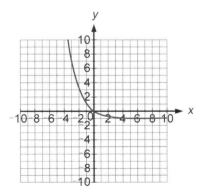

2)

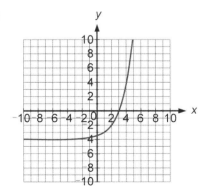

3)

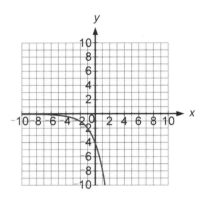

4)

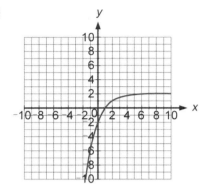

41. a)

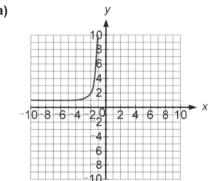

b)

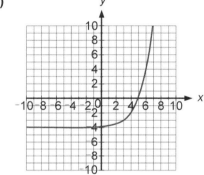

42. a) Domaine f : IR

Image f :]-1, +∞[

A.H. : $y = {}^-1$

Croissante sur son domaine.

Zéro : 0

Ordonnée à l'origine : 0

b) Domaine f : IR

Image f :]-∞, 0[

A.H. : $y = 0$

Croissante sur son domaine.

Zéro : aucun.

Ordonnée à l'origine : -9

c) Domaine f : IR

Image f :]2, +∞[

A.H. : $y = 4$

Décroissante sur son domaine.

Zéro : aucun.

Ordonnée à l'origine : 10

d) Domaine f : IR

Image f :]-∞, -1[

A.H. : $y = {}^-1$

Décroissante sur son domaine.

Zéro : aucun.

Ordonnée à l'origine : $-1 - e^2 \approx {}^-8{,}3$

43.

	Équation	Domaine	Image	Abscisse à l'origine	Ordonnée à l'origine
a)		IR	]−10, ∞[	$\left(\dfrac{1}{2}, 0\right)$	(0, −5)
b)		IR	]5, ∞[	Aucune.	$\left(0, \dfrac{13}{2}\right)$
c)		IR	]−∞, 0]	Aucune.	(0, −486)
d)		IR	]−∞, 2[	(1, 0)	$\left(0, -\dfrac{5}{2}\right)$
e)		IR	]−∞, 8[	(12, 0)	(0, 7)
f)		IR	]1, ∞[	Aucune.	$\left(0, \dfrac{61}{16}\right)$
g)		IR	]−9, ∞[	(2, 0)	(0, 315)
h)		IR	]14, ∞[	Aucune.	$\left(0, \dfrac{115}{8}\right)$

44. a)

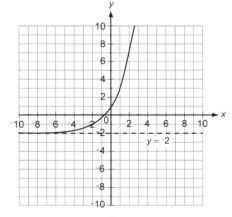

c)

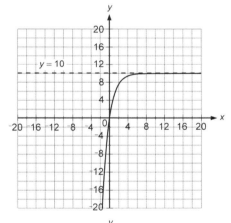

b)

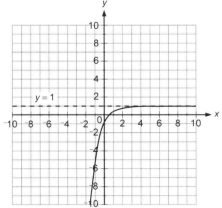

d)

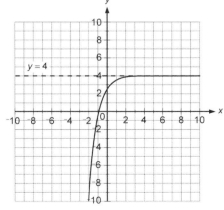

e)

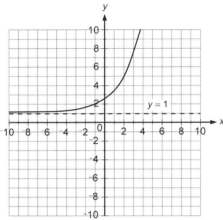

g)

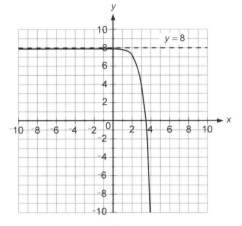

f)

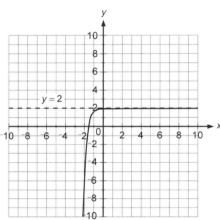

h)

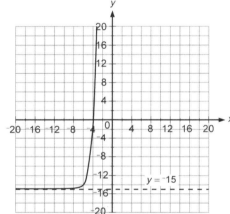

45. a) $x = {}^-3$

b) $x \in [{}^-2, {}_+\infty[$

c) $x = \dfrac{7}{4}$

d) $x \in \left]{}^-\infty, \dfrac{7}{2}\right]$

e) $x = 3$

f) $x \in \left[\dfrac{12}{5}, {}_+\infty\right[$

g) $x = {}^-\dfrac{2}{3}$

h) $x \in \left[{}^-\dfrac{2}{5}, {}_+\infty\right[$

46. a) $x = 3$

b) $x < {}^-4$

c) $x = 2$

d) $x = {}^-10$

e) $x \geq {}^-\dfrac{1}{2}$

f) $x = 4$

g) $x > 3$

h) $x = 3$

i) $x \geq \dfrac{1}{3}$

j) $x = {}^-\dfrac{1}{2}$

47. a) dom f + IR

ima f +]1, =∞[

b) dom f + IR

ima f +]‾9, =∞[

c) dom f + IR

ima f + $\left]-\infty,\ -\dfrac{1}{2}\right[$

d) dom f + IR

ima f +]‾∞, 0[

e) dom f + IR

ima f +]5, =∞[

f) dom f + IR

ima f + ‾7

g) dom f + IR

ima f +]10, =∞[

h) dom f + IR

ima f +]‾∞, 11[

Module 7 – La fonction logarithmique

48. C)

49. b) 1)

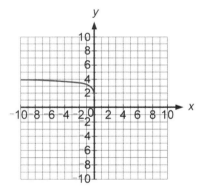

3)

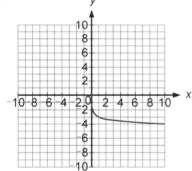

2)

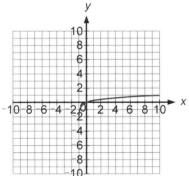

4)

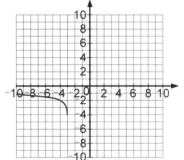

50. a)

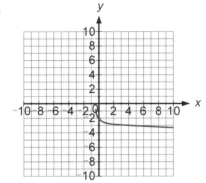

b)

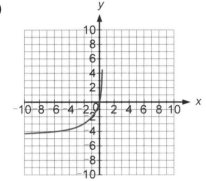

51. a) Domaine f : $]0, +\infty[$

   Image f : $\mathbb{R}$

   A.V. : $x + 0$

   Croissante sur son domaine.

   Ordonnée à l'origine : aucune.

   Zéro : 10^{-3}

   b) Domaine f : $]-\infty, 2[$

   Image f : $\mathbb{R}$

   A.V. : $x + 2$

   Décroissante sur son domaine.

   Ordonnée à l'origine : $-\log_3 2$

   Zéro : 1

   c) Domaine f : $]3, +\infty[$

   Image f : $\mathbb{R}$

   A.V. : $x + 3$

   Décroissante sur son domaine.

   Ordonnée à l'origine : aucune.

   Zéro : $\dfrac{13}{3}$

   d) Domaine f : $]-\infty, 2[$

   Image f : $\mathbb{R}$

   A.V. : $x + 2$

   Croissante sur son domaine.

   Ordonnée à l'origine : $1 - \ln 2$

   Zéro : $2 - e$

52. a)

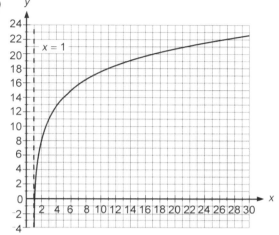

Le point d'intersection avec l'axe des *x* est (1,1575, 0), soit (*f*(*x*) = 0, 0).

c)

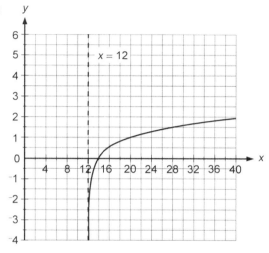

Le point d'intersection avec l'axe des *x* est (14, 0), soit (*f*(*x*) = 0, 0).

b)

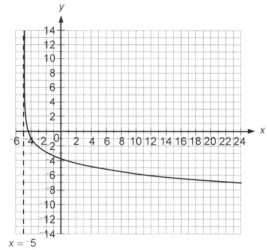

Le point d'intersection avec l'axe des *x* est (-4,4226, 0), soit (*f*(*x*) = 0, 0).

Le point d'intersection avec l'axe des *y* est (0, -3,9299), soit (0, *f*(0)).

d)

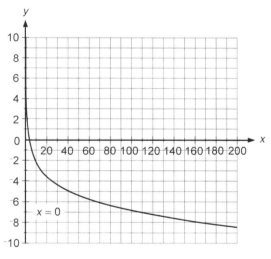

Le point d'intersection avec l'axe des *x* est (3,9811, 0), soit (*f*(*x*) = 0, 0).

53. a) dom *f* =]1, $+\infty$[

ima *f* = $\mathbb{R}$

b) dom *f* =]$-\infty$, 7[

ima *f* = $\mathbb{R}$

c) dom *f* =]$-$3, $+\infty$[

ima *f* = $\mathbb{R}$

d) dom *f* =]$-\infty$, 48[

ima *f* = $\mathbb{R}$

54. a) L'équation est $P(t) = 400 \cdot (1{,}15)^t$, où t est le nombre d'années écoulées et $P(t)$ la population de renards.

b) La population de renards atteindra 1000 bêtes dans environ 6,56 années, soit environ 6 années et 7 mois.

55. a) $x + 18$

c) $x + 8$

b) $x + \dfrac{9}{2}$

d) $x + \dfrac{1}{\sqrt{2}}$ ou $\dfrac{\sqrt{2}}{2}$

56. a) $\log(x^2 - 6x - 7)$

d) $\log\left(\dfrac{5}{x}\right)$

b) $\log\left(\dfrac{2}{y}\right)$

e) $\log_2\left(x^{\frac{17}{12}}\right)$

c) $\log(3x)$

f) $\log_3\left(2\sqrt{x}\right)$

Module 8 – Les fonctions sinusoïdales

57. C)

58. a)

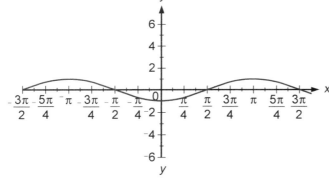

b)

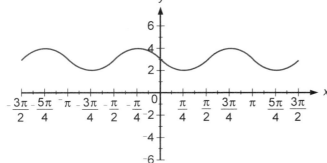

c)

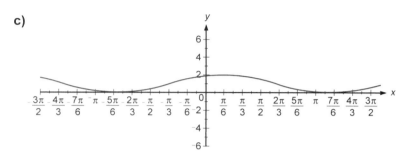

59. a) $f(x) = \sin\left(x - \dfrac{\pi}{3}\right)$ **b)** $f(x) = -2\sin\left(2x - \dfrac{\pi}{2}\right) + 1$

60. a) $x = 2\pi,\ x = 3\pi$ et $x = 4\pi$.   **c)** $x = \dfrac{7\pi}{12}$ et $x = \dfrac{11\pi}{12}$.

    b) $x = -\dfrac{5\pi}{6},\ x = -\dfrac{\pi}{6},\ x = -\dfrac{11\pi}{6}$ et $x = \dfrac{7\pi}{6}$.   **d)** $x = -\pi,\ x = -2\pi$ et $x = -3\pi$.

61. a) $[-4, 4]$ **c)** $[-2, 4]$ **e)** $\left[-\dfrac{14}{5},\ -\dfrac{6}{5}\right]$

    b) $\left[\dfrac{5}{2},\ \dfrac{7}{2}\right]$ **d)** $\left[-\dfrac{1}{6},\ \dfrac{7}{6}\right]$ **f)** $[-7, -3]$

62. a) $x = \dfrac{\pi}{4} + 2n\pi$ et $x = \dfrac{3\pi}{4} + 2n\pi$, où $n \in \mathbb{Z}$.   **d)** $x = \dfrac{\pi}{3} + 2n\pi$ et $x = \dfrac{5\pi}{3} + 2n\pi$, où $n \in \mathbb{Z}$.

    b) $x = \dfrac{\pi}{3} + \dfrac{2n\pi}{3}$, où $n \in \mathbb{Z}$.   **e)** $x = \dfrac{\pi}{4} + n\pi$, où $n \in \mathbb{Z}$.

    c) $x = \dfrac{\pi}{3} + n\pi$ et $x = \dfrac{2\pi}{3} + n\pi$, où $n \in \mathbb{Z}$.   **f)** $x = \dfrac{\pi}{3} + 4n\pi$ et $x = \dfrac{11\pi}{3} + 4n\pi$, où $n \in \mathbb{Z}$.

63. a) La valeur maximale est 3.   **b)** La valeur maximale est 5.

    La valeur minimale est -3.   La valeur minimale est -5.

64. a)

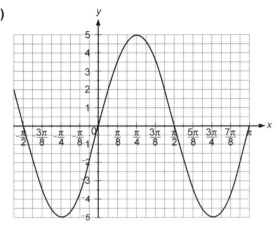

d)

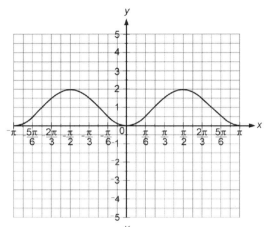

b)

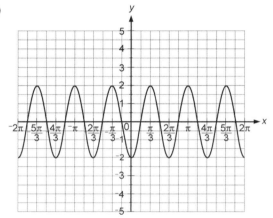

e)

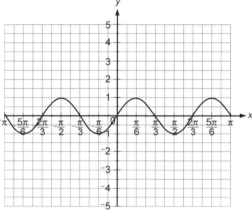

c)

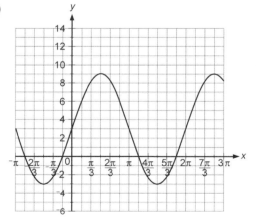

f)

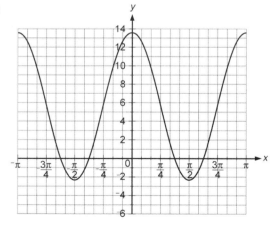

Module 9 – La fonction tangente

65. a) 0

c) $-\sqrt{3}$

e) $-\sqrt{3}$

b) Elle n'existe pas.

d) $-\dfrac{1}{\sqrt{3}}$ ou $-\dfrac{\sqrt{3}}{3}$

f) −1

Merci de ne pas photocopier

66. a)

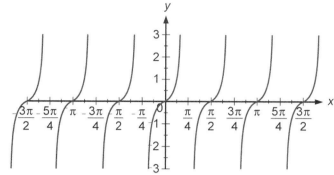

b)

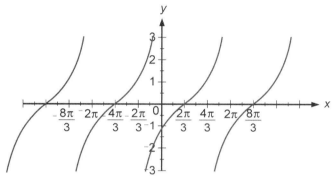

67. a) $\left(\dfrac{3}{5}\right)^2 + \left(\dfrac{-4}{5}\right)^2 = \dfrac{9}{25} + \dfrac{16}{25} = 1$ **b)** **1)** $^-4$ **2)** $-\dfrac{7}{9}$

68. a) $\dfrac{12}{13}$ **b)** **1)** $-\dfrac{5}{12}$ **2)** $\dfrac{-2053}{720}$

69. a) $x = \dfrac{\pi}{2},\ x = \dfrac{3\pi}{2},\ x = \dfrac{5\pi}{2},\ x = \dfrac{7\pi}{2}$ **c)** $x = -\dfrac{5\pi}{2}$

b) $x = -\dfrac{3\pi}{2},\ x = -\dfrac{\pi}{2},\ x = \dfrac{\pi}{2}$ **d)** $\left\{(2n+1)\dfrac{\pi}{2}\ \middle|\ n \in \mathbb{R}\right\}$

70. a) $\text{dom } f = \mathbb{R} \setminus \left\{\dfrac{\pi}{4} + n\dfrac{\pi}{2},\ \text{où } n \in \mathbb{Z}\right\}$ **d)** $\text{dom } f = \mathbb{R} \setminus \left\{\dfrac{9\pi}{4} + 3n\pi,\ \text{où } n \in \mathbb{Z}\right\}$

b) $\text{dom } f = \mathbb{R} \setminus \{n\pi,\ \text{où } n \in \mathbb{Z}\}$ **e)** $\text{dom } f = \mathbb{R} \setminus \left\{\dfrac{\pi}{8} + n\dfrac{\pi}{4},\ \text{où } n \in \mathbb{Z}\right\}$

c) $\text{dom } f = \mathbb{R} \setminus \left\{\dfrac{\pi}{4} + n\dfrac{\pi}{2},\ \text{où } n \in \mathbb{Z}\right\}$ **f)** $\text{dom } f = \mathbb{R} \setminus \{\pi + 2n\pi,\ \text{où } n \in \mathbb{Z}\}$

71. a)

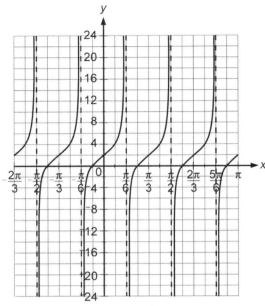

Asymptotes : $x = \dfrac{\pi}{6} + \dfrac{n\pi}{3}$, où $n \in \mathbb{Z}$

c)

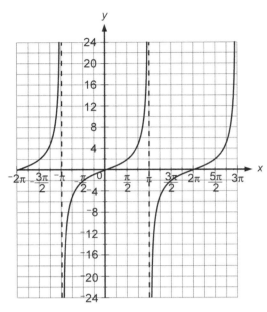

Asymptotes : $x = \pi + 2n\pi$, où $n \in \mathbb{Z}$

b)

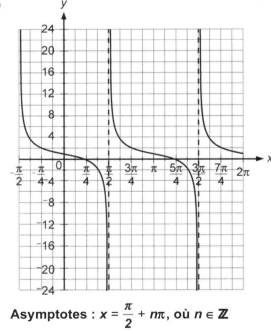

Asymptotes : $x = \dfrac{\pi}{2} + n\pi$, où $n \in \mathbb{Z}$

d)

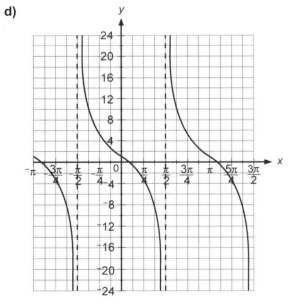

Asymptotes : $x = \dfrac{\pi}{2} + n\pi$, où $n \in \mathbb{Z}$

e)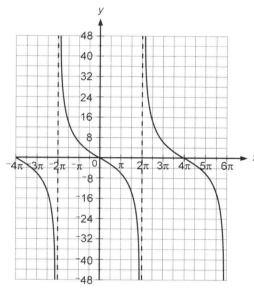

Asymptotes : $x = 2\pi + 4n\pi$ où $n \in \mathbb{Z}$

f)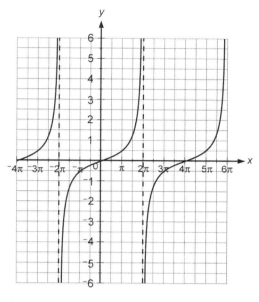

Asymptotes : $x = 2\pi + 4n\pi$ où $n \in \mathbb{Z}$

72. a) L'équation est $f(\theta) = h \tan\left[-\left(\theta - \dfrac{\pi}{2}\right)\right]$, où θ représente l'angle d'élévation du Soleil en radians, h la hauteur de l'immeuble en mètres et $f(\theta)$ la longueur de l'ombre en mètres.

b) La hauteur de l'immeuble est d'environ 18,48 m.

73. a) $x = \dfrac{\pi}{4} + n\pi$, où $n \in \mathbb{Z}$.

  d) $x \approx 0{,}8195 + n\pi$, où $n \in \mathbb{Z}$.

b) $x = \dfrac{\pi}{6} + \dfrac{n\pi}{2}$, où $n \in \mathbb{Z}$.

  e) $x = 4n\pi$, où $n \in \mathbb{Z}$.

c) $x = \dfrac{5\pi}{18} + \dfrac{n\pi}{3}$, où $n \in \mathbb{Z}$.

  f) $x = \dfrac{\pi}{12} + n\pi$, où $n \in \mathbb{Z}$.

Module 10 – Les identités trigonométriques

74. a) $\sin t$

    b) $2 \sec t$

    c) $\cos t + \operatorname{cosec} t$

    d) $\sec^2 t$

    e) $\cos^2 \sqrt{t}$

    f) 1

    g) $\sec t$

    h) $\sec x + 1$

    i) $\sec^3 t$

    j) $2 \sin^2 2x$

    k) $\cos^2 x$

75. a) Faux. Dans la première expression, c'est le x à l'intérieur du sinus qui est au carré, alors que dans la deuxième, c'est la valeur du sinus de x qui l'est.

    b) Faux. Dans la première expression, c'est l'argument qui est multiplié par deux, alors que dans la deuxième, c'est la valeur du sinus de x.

    c) Vrai. Dans les deux cas, c'est le x qui est mis à la puissance $\dfrac{1}{2}$.

    d) Faux. Dans la première expression, l'opération dominante est l'addition, et dans la seconde, il s'agit du sinus.

76. a)
$$\sin\left(x + \frac{\pi}{2}\right)$$
$$= \sin x \cos \frac{\pi}{2} + \cos x \sin \frac{\pi}{2}$$
$$= \sin x \cdot 0 + \cos x \cdot 1$$
$$= \cos x$$

    b)
$$(1 + \tan^2 t)\cos^2 t$$
$$= \left(1 + \frac{\sin^2 t}{\cos^2 t}\right)\cos^2 t$$
$$= \frac{\cos^2 t + \sin^2 t}{\cos^2 t}\cos^2 t$$
$$= \frac{1}{\cos^2 t}\cos^2 t$$
$$= 1$$

    c)
$$\cos(2t)$$
$$= \cos(t + t)$$
$$= \cos t \cos t - \sin t \sin t$$
$$= \cos^2 t - \sin^2 t$$
$$= \cos^2 t - (1 - \cos^2 t)$$
$$= 2\cos^2 t - 1$$

    d)
$$\frac{2\sin t \cos t}{\cos^2 t - \sin^2 t}$$
$$= \frac{\sin t \cos t + \sin t \cos t}{\cos t \cos t - \sin t \sin t}$$
$$= \frac{\sin t \cos t + \sin t \cos t}{\cos 2t}$$
$$= \frac{\sin 2t}{\cos 2t}$$
$$= \tan 2t$$

77. a) Domaine : $\left\{ \mathbb{R} \bigg/ \dfrac{(2k + 1)\pi + 2}{2} \,\bigg|\, k \in \mathbb{Z} \right\}$ **b)** L'image de la fonction est 1.

78. a) $\dfrac{\sqrt{2} + \sqrt{6}}{4}$ **c)** $-\sqrt{3} - 2$ **e)** $\dfrac{-3 - \sqrt{6}}{2}$ **g)** $\dfrac{3\sqrt{3}}{2}$

b) $\dfrac{\sqrt{2} + \sqrt{6}}{4}$ **d)** 0 **f)** $\dfrac{21}{4}$ **h)** $\dfrac{3 - 2\sqrt{3}}{6}$

79. a) $\sin \theta = -\dfrac{\sqrt{21}}{5}$ et $\tan \theta = -\dfrac{\sqrt{21}}{2}$ **b)** $\sin \theta = -\dfrac{2\sqrt{2}}{3}$ et $\tan \theta = -2\sqrt{2}$

80. a) 1 **e)** $\sin^2 x$

b) $\sec^2 x$ **f)** $\dfrac{\cos x}{\sin^2 x}$

c) $\tan x$ **g)** $\cos x$

d) $\operatorname{cosec}^2 x$ **h)** $\cos x$

81.

	Angle au centre (rad)	Rayon du cercle (cm)	Longueur de l'arc intercepté (cm)
a)	$\dfrac{\pi}{3}$	40	$\dfrac{40\pi}{3}$
b)	$\dfrac{\pi}{4}$	55	$13{,}75\pi$
c)	$\dfrac{5\pi}{12}$	120	50π
d)	$\dfrac{10}{27}$	135	50
e)	$\dfrac{2\pi}{3}$	189	126π

82. a)

$$\frac{\sec^2 x - 1}{\sec^2 x}$$

$$= \frac{\tan^2 x}{\sec^2 x}$$

$$= \frac{\dfrac{\sin^2 x}{\cos^2 x}}{\dfrac{1}{\cos^2 x}}$$

$$= \sin^2 x$$

b)

$$\frac{\sin x}{\csc x} + \frac{\cos x}{\sec x}$$

$$= \frac{\sin x}{\dfrac{1}{\sin x}} + \frac{\cos x}{\dfrac{1}{\cos x}}$$

$$= \sin^2 x + \cos^2 x$$

$$= 1$$

c)

$$\frac{1 + \sin x - \cos^2 x}{\cos x + \cos x \sin x}$$

$$= \frac{\sin x + \sin^2 x}{\cos x(1 + \sin x)}$$

$$= \frac{\sin x(1 + \sin x)}{\cos x(1 + \sin x)}$$

$$= \frac{\sin x}{\cos x}$$

$$= \tan x$$

d)

$$\frac{1}{1 - \cos x} + \frac{1}{1 + \cos x}$$

$$= \frac{1 + \cos x}{1 - \cos^2 x} + \frac{1 - \cos x}{1 - \cos^2 x}$$

$$= \frac{1 + \cos x + 1 - \cos x}{1 - \cos^2 x}$$

$$= \frac{2}{\sin^2 x}$$

$$= 2 \csc^2 x$$

e)

$$\cot x + \tan x$$

$$= \frac{\cos x}{\sin x} + \frac{\sin x}{\cos x}$$

$$= \frac{\cos^2 x}{\cos x \cdot \sin x} + \frac{\sin^2 x}{\sin x \cdot \cos x}$$

$$= \frac{\cos^2 x + \sin^2 x}{\sin x \cdot \cos x}$$

$$= \frac{1}{\sin x \cdot \cos x} = \frac{1}{\sin x} \cdot \frac{1}{\cos x}$$

$$= \csc x \sec x$$

f)

$$\frac{\sin x + \cos^2 x \csc x}{\csc x}$$

$$= \frac{\sin x}{\csc x} + \frac{\cos^2 x \csc x}{\csc x}$$

$$= \frac{\sin x}{\dfrac{1}{\sin x}} + \cos x$$

$$= \sin^2 x + \cos^2 x$$

$$= 1$$

g)

$$\frac{cosec^2\ x + sec^2\ x}{cosec\ x\ sec\ x}$$

$$= \frac{\dfrac{1}{sin^2\ x} + \dfrac{1}{cos^2\ x}}{\dfrac{1}{sin\ x \cdot cos\ x}}$$

$$= \left(\frac{1}{sin^2\ x} + \frac{1}{cos^2\ x}\right)\frac{sin\ x \cdot cos\ x}{1}$$

$$= \frac{sin\ x \cdot cos\ x}{sin^2\ x} + \frac{sin\ x \cdot cos\ x}{cos^2\ x}$$

$$= \frac{cos\ x}{sin\ x} + \frac{sin\ x}{cos\ x}$$

$$= cotan\ x + tan\ x$$

h)

$$\frac{1 + cos\ x}{\sqrt{1 - cos^2\ x}} + \frac{sin\ x}{1 + cos\ x}$$

$$= \frac{1 + cos\ x}{\sqrt{sin^2\ x}} + \frac{sin\ x}{1 + cos\ x}$$

$$= \frac{1 + cos\ x}{sin\ x} + \frac{sin\ x}{1 + cos\ x}$$

$$= \frac{1 + 2\,cos\ x + cos^2\ x}{sin\ x(1 + cos\ x)} + \frac{sin^2\ x}{sin\ x(1 + cos\ x)}$$

$$= \frac{1 + 2\,cos\ x + cos^2\ x + sin^2\ x}{sin\ x(1 + cos\ x)}$$

$$= \frac{1 + 2\,cos\ x + 1}{sin\ x(1 + cos\ x)}$$

$$= \frac{2 + 2\,cos\ x}{sin\ x(1 + cos\ x)}$$

$$= \frac{2(1 + cos\ x)}{sin\ x(1 + cos\ x)}$$

$$= \frac{2}{sin\ x}$$

$$= 2\,cosec\ x$$

83. a) $(a, -b)$ c) $(-a, -b)$ e) $(-b, a)$ g) $(b, -a)$

b) $(a, -b)$ d) $(-a, b)$ f) (b, a) h) $(-b, -a)$

Module 11 – Les vecteurs

84. a)

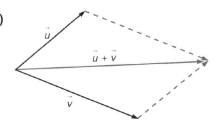
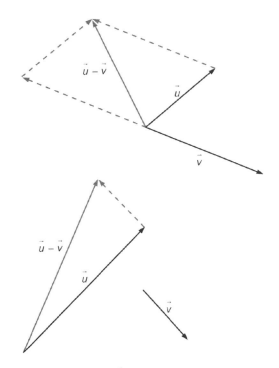

b)

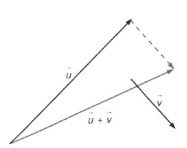

85. a) $\vec{w} = -2\vec{u}$

c) $\vec{w} = 2\vec{u} + \dfrac{1}{2}\vec{v}$

b) $\vec{w} = -\vec{u} + 3\vec{v}$

d) $\vec{w} = -\vec{u} - \vec{v}$

86. a) 0

b) 14

87.

Vecteur	Coordonnées de l'origine	Coordonnées de l'extrémité	Composantes	Norme	Orientation
$\vec{p}$	(−5, −3)	(−4, 1)	(1, 4)	$\sqrt{17}$	75,96°
$\vec{q}$	(3, −6)	(−1, −8)	(−4, −2)	$2\sqrt{5}$	206,57°
$\vec{r}$	(4, −5)	(−2, 7)	(−6, 12)	$6\sqrt{5}$	116,57°
$\vec{s}$	(9, 6)	(3, 12)	(−6, 6)	$6\sqrt{2}$	135°
$\vec{t}$	(−7, 4)	(7, 11)	(14, 7)	$7\sqrt{5}$	26,57°
$\vec{u}$	$\left(\dfrac{1}{3}, 0\right)$	$\left(-\dfrac{4}{3}, \dfrac{1}{2}\right)$	$\left(-\dfrac{5}{3}, \dfrac{1}{2}\right)$	$\dfrac{\sqrt{109}}{6}$	163,3°
$\vec{v}$	(−1, −12)	(5, 7)	(6, 19)	$\sqrt{397}$	72,47°
$\vec{w}$	(2, 5)	$\left(\dfrac{3}{4}, 1\right)$	$\left(-\dfrac{5}{4}, -4\right)$	$\dfrac{\sqrt{281}}{4}$	252,65°

88. a) $\overrightarrow{AD}$ c) $\overrightarrow{WR}$ e) $4\overrightarrow{BA}$ g) $\overrightarrow{TV}$

   b) $\vec{0}$ d) $\overrightarrow{PM}$ f) $\vec{0}$ h) $2\overrightarrow{DB}$

89. a) 70,35°   c) 178,67°   e) 140,19°   g) 3,37°

   b) 173,66°   d) 145,49°   f) 108,43°   h) 51,91°

90. a) $m = -\dfrac{44}{5}$ et $n = \dfrac{91}{5}$.   e) $m = -\dfrac{32}{5}$ et $n = -\dfrac{28}{5}$.

   b) $m = 5$ et $n = 8$.   f) $m = \dfrac{1}{2}$ et $n = \dfrac{3}{4}$.

   c) $m = 26$ et $n = 11$.   g) $m = \dfrac{67}{5}$ et $n = \dfrac{89}{10}$.

   d) $m = -8$ et $n = 104$.   h) $m = 27$ et $n = 8$.

91. a) 1) $4\vec{i} + 15\vec{j}$ 3) $7\vec{i} - 7\vec{j}$ 5) $3\vec{i} + 7\vec{j}$ 7) $8\vec{i} + 4\vec{j}$

   2) $6\vec{i} - 4\vec{j}$ 4) $0\vec{i} - 24\vec{j}$ 6) $4\vec{i} - 6\vec{j}$ 8) $-2\vec{i} - 8\vec{j}$

   b) 1) 51   2) 37   3) -270   4) -81

92. a) Faux, le module représente la longueur.

   b) Vrai, deux vecteurs opposés ont la même longueur.

93. a) $\overrightarrow{AD}$ b) $\vec{0}$ c) $\overrightarrow{AB}$ d) $\overrightarrow{FZ}$

94. $\overrightarrow{MN} = \overrightarrow{NC} + \overrightarrow{CM}$ par la relation de Chasles.

   $\overrightarrow{MN} = \dfrac{1}{2}\overrightarrow{BC} + \dfrac{1}{2}\overrightarrow{CA}$

   $\overrightarrow{MN} = \dfrac{1}{2}\left(\overrightarrow{BC} + \overrightarrow{CA}\right)$ par distributivité.

   $\overrightarrow{MN} = \dfrac{1}{2}\left(\overrightarrow{BA}\right)$ par la relation de Chasles.

   $\overrightarrow{MN}$ et $\overrightarrow{BA}$ ont la même direction, ils sont donc parallèles.

95. Soit E, F, G et H, les points milieux respectifs de $\overrightarrow{AB}$, $\overrightarrow{BC}$, $\overrightarrow{CD}$ et $\overrightarrow{DA}$.

Donc $\overrightarrow{AE} = \frac{1}{2}\overrightarrow{AB}$, $\overrightarrow{BF} = \frac{1}{2}\overrightarrow{BC}$, $\overrightarrow{CG} = \frac{1}{2}\overrightarrow{CD}$ et $\overrightarrow{DH} = \frac{1}{2}\overrightarrow{DA}$.

Pour démontrer que le quadrilatère EFGH est un parallélogramme, il faut montrer que $\overrightarrow{EF} = \overrightarrow{HG}$.

À l'aide de la relation de Chasles, on pose $\overrightarrow{EF} = \overrightarrow{EH} + \overrightarrow{HG} + \overrightarrow{GF}$.

Pour montrer que $\overrightarrow{EF} = \overrightarrow{HG}$, il faut donc démontrer que $\overrightarrow{EH} + \overrightarrow{GF} = \vec{0}$.

$$\begin{aligned}
\overrightarrow{EH} + \overrightarrow{GF} &= (\overrightarrow{EA} + \overrightarrow{AH}) + (\overrightarrow{GC} + \overrightarrow{CF}) \\
&= \frac{1}{2}\overrightarrow{BA} + \frac{1}{2}\overrightarrow{AD} + \frac{1}{2}\overrightarrow{DC} + \frac{1}{2}\overrightarrow{CB} \\
&= \frac{1}{2}(\overrightarrow{BA} + \overrightarrow{AD} + \overrightarrow{DC} + \overrightarrow{CB}) \\
&= \frac{1}{2}\overrightarrow{BB} \\
&= \vec{0}
\end{aligned}$$

$\overrightarrow{EF} = \overrightarrow{EH} + \overrightarrow{HG} + \overrightarrow{GF}$

$\overrightarrow{EF} = \overrightarrow{HG} + \overrightarrow{EH} + \overrightarrow{GF}$

$\overrightarrow{EF} = \overrightarrow{HG} + \vec{0}$

$\overrightarrow{EF} = \overrightarrow{HG}$

Pour démontrer que le quadrilatère EFGH est un parallélogramme, il faut également montrer que $\overrightarrow{EH} = \overrightarrow{FG}$.

Puisque $\overrightarrow{EH} + \overrightarrow{GF} = \vec{0}$, alors $\overrightarrow{EH} = -\overrightarrow{GF}$.

Donc $\overrightarrow{EH} = \overrightarrow{FG}$.

Comme $\overrightarrow{EF} = \overrightarrow{HG}$ et $\overrightarrow{EH} = \overrightarrow{FG}$, on peut conclure que le quadrilatère EFGH est un parallélogramme.

Module 12 – Les coniques

96. a) $x^2 + y^2 = 1681$

    b) $x^2 + y^2 = 18{,}0625$

    c) $x^2 + y^2 = 2{,}25$

    d) $x^2 + y^2 = 256$

    e) $x^2 + y^2 = 65$

97. a)

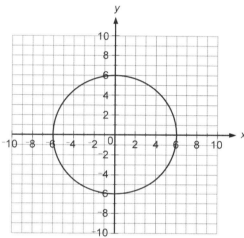

b)

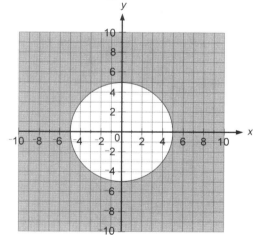

c)

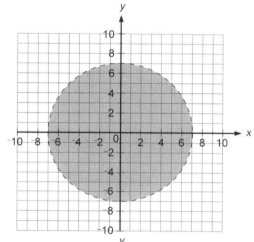

d)

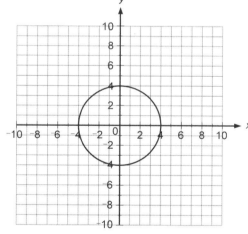

98. a) $x^2 + y^2 = 12{,}25$

    b) $x^2 + y^2 \geq 169$

    c) $x^2 + y^2 < 625$

    d) $x^2 + y^2 \leq 144$

99. a) 25,38 cm

    b) 14,83 cm

    c) 19,49 cm

100. 26 cm

101. a) Axe focal vertical.

A(0, 3), A'(0, -3), B(2, 0), B'(-2, 0), F(0, $\sqrt{5}$), F'(0, -$\sqrt{5}$)

b) Axe focal horizontal.

A(5, 0), A'(-5, 0), B(0, 3), B'(0, -3), F(4, 0), F'(-4, 0)

c) Axe focal vertical.

A(0, 1,6), A'(0, -1,6), B(1,2, 0), B'(-1,2, 0), F(0, $\sqrt{1,12}$), F'(0, -$\sqrt{1,12}$)

d) Axe focal vertical.

A(0, 13), A'(0, -13), B(5, 0), B'(-5, 0), F(0, 12), F'(0, -12)

e) Axe focal horizontal.

A(25, 0), A'(-25, 0), B(0, 7), B'(0, -7), F(24, 0), F'(-24, 0)

102. a)

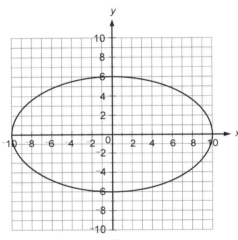

c)

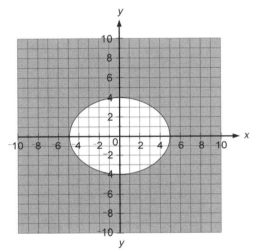

b)

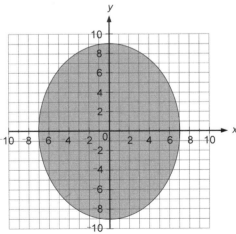

d)

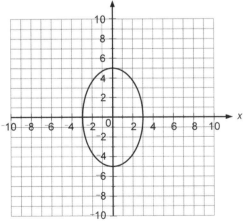

103. a) $\dfrac{x^2}{100} + \dfrac{y^2}{75} = 1$

c) $\dfrac{x^2}{64} + \dfrac{y^2}{28} = 1$

b) $\dfrac{x^2}{20} + \dfrac{y^2}{36} = 1$

d) $\dfrac{x^2}{36} + \dfrac{y^2}{100} = 1$

© Éditions Grand Duc

104. a) $\dfrac{x^2}{49} + \dfrac{y^2}{24} = 1$

c) $\dfrac{x^2}{25} + \dfrac{y^2}{41} < 1$

b) $\dfrac{x^2}{16} + \dfrac{y^2}{25} \leq 1$

d) $\dfrac{x^2}{81} + \dfrac{y^2}{45} \geq 1$

105. a) Ouverte vers le haut, F(0, 5), $y > {-5}$.

d) Ouverte vers la gauche, F(-2, 0), $x > 2$.

b) Ouverte vers la droite, F$\left(\dfrac{9}{4}, 0\right)$, $x > -\dfrac{9}{4}$.

e) Ouverte vers le bas, F(0, -6), $y > 6$.

c) Ouverte vers le bas, F(0, -8), $y > 8$.

106. a)

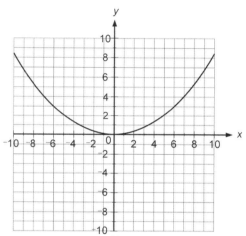

c)

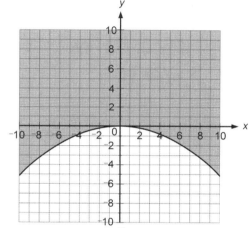

b)

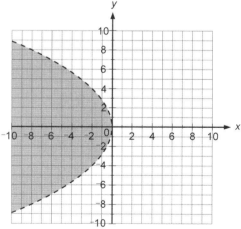

d)

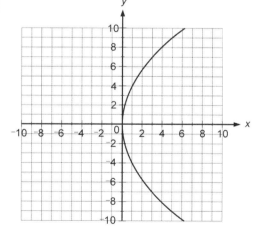

107. a) $y^2 > {-20}x$

c) $x^2 = 5y$

b) $y^2 \leq 16x$

d) $x^2 \geq {-9,8}y$

108. a) $y^2 > 24x$

c) $x^2 > 5,0625y$ ou

b) $x^2 > {-6}y$

$y^2 > {-12}x$

109. a) **Axe focal horizontal.**

A(2, 0), A'(-2, 0), F(3, 0), F'(-3, 0)

$y + \dfrac{5x}{4}, y + -\dfrac{5x}{4}$

b) **Axe focal vertical.**

A(0, 4), A'(0, -4), F(0, 5), F'(0, -5)

$y + \dfrac{9x}{16}, y + -\dfrac{9x}{16}$

c) **Axe focal horizontal.**

A(1,2, 0), A'(-1,2, 0), F(2, 0), F'(-2, 0)

$y + \dfrac{16x}{9}, y + -\dfrac{16x}{9}$

d) **Axe focal vertical.**

A(0, 5), A'(0, -5), F(0, 13), F'(0, -13)

$y + \dfrac{144x}{25}, y + -\dfrac{144x}{25}$

e) **Axe focal horizontal.**

A(24, 0), A'(-24, 0), F(25, 0), F'(-25, 0)

$y + \dfrac{49x}{576}, y + -\dfrac{49x}{576}$

110. a)

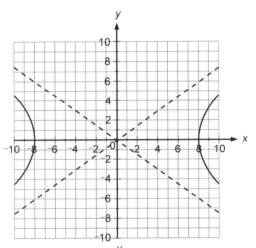

b)

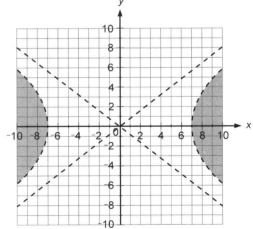

c)

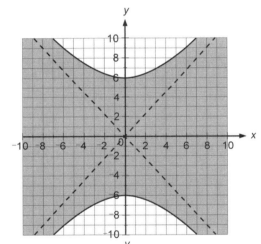

d)

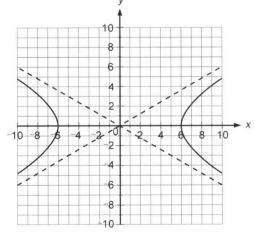

111. a) $\dfrac{x^2}{16} - \dfrac{y^2}{9} = 1$

c) $\dfrac{x^2}{4} - \dfrac{y^2}{12} = 1$

b) $\dfrac{x^2}{12} - \dfrac{y^2}{4} = {}^-1$

d) $\dfrac{x^2}{20} - \dfrac{y^2}{16} = {}^-1$

112. a) $\dfrac{x^2}{4} - \dfrac{y^2}{21} = 1$

c) $\dfrac{x^2}{8} - y^2 \geq {}^-1$

b) $\dfrac{x^2}{12} - \dfrac{y^2}{4} \leq {}^-1$

d) $\dfrac{x^2}{9} - \dfrac{y^2}{27} > 1$

113. a) Ouverte vers le haut, S(5, ⁻1), F(5, 4), y + ⁻6.

b) Ouverte vers la droite, S(3, ⁻2), F$\left(\dfrac{21}{4}, {}^-2\right)$, x + $\dfrac{3}{4}$.

c) Ouverte vers le bas, S(⁻1, 1), F(⁻1, ⁻7), y + 9.

d) Ouverte vers la gauche, S(⁻7, 10), F(⁻9, 10), x + ⁻5.

e) Ouverte vers le bas, S(0, 5), F(0, 2), y + 8.

114. a)

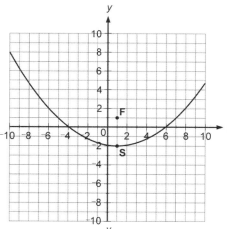

c)

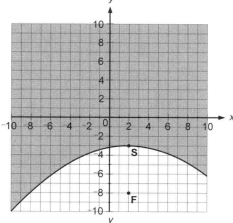

b)

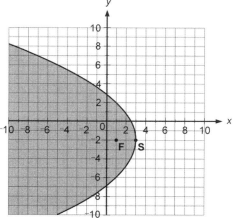

d)

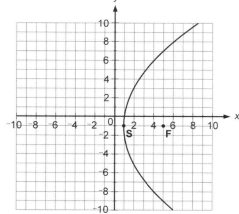

115. a) Longueur du rayon : 5

   Domaine : [-5, 5]

   Image : [-5, 5]

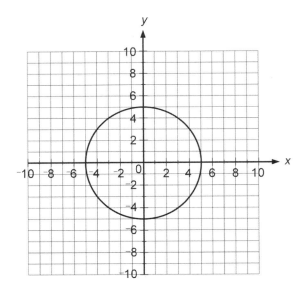

b) Longueur du rayon : 3

   Domaine : [-3, 3]

   Image : [-3, 3]

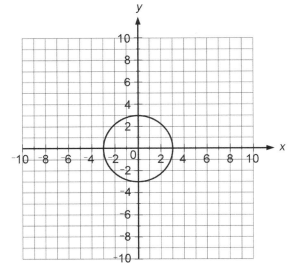

Merci de ne pas photocopier

116. Orientation : axe focal horizontal.

Équation : $\dfrac{x^2}{25} + \dfrac{y^2}{16} = 1$

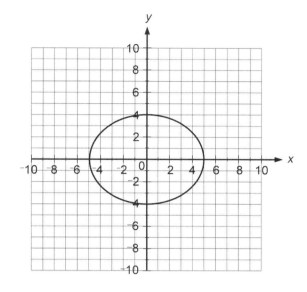

117. a) Une ellipse.

Foyers : $\left(-\sqrt{7}, 0\right)$ et $\left(\sqrt{7}, 0\right)$.

Sommets : $(-4, 0)$, $(4, 0)$, $(0, -3)$ et $(0, 3)$.

b) Une parabole.

Foyer : $(3, 1)$

Sommet : $(3, -1)$

Directrice : $y + -3$

c) Une ellipse.

Foyers : $(0, -4)$ et $(0, 4)$.

Sommets : $(-3, 0)$, $(3, 0)$, $(0, -5)$ et $(0, 5)$.

d) Une hyperbole.

Foyers : $\left(-\sqrt{5}, 0\right)$ et $\left(\sqrt{5}, 0\right)$.

Sommets : $(-2, 0)$ et $(2, 0)$.

Asymptotes : $y = \pm\dfrac{1}{2}x$

e) Une parabole.

Foyer : $(5, -1)$

Sommet : $(0, -1)$

Directrice : $x + -5$

f) Une hyperbole.

Foyers : $\left(0, -\sqrt{41}\right)$ et $\left(0, \sqrt{41}\right)$.

Sommets : $(0, -4)$ et $(0, 4)$.

Asymptotes : $y = \pm\dfrac{4}{5}x$

g) Une parabole.

Foyer : $(2, -2)$

Sommet : $(2, 0)$

Directrice : $y + 2$

h) Une hyperbole.

Foyers : $\left(-\sqrt{13}, 0\right)$ et $\left(\sqrt{13}, 0\right)$.

Sommets : $(-2, 0)$ et $(2, 0)$.

Asymptotes : $y = \pm\dfrac{3}{2}x$

118. Sommets : A($\sqrt{6}$, 0), A′($-\sqrt{6}$, 0), B(0, 2), B′(0, $^-$2)

Foyers : F($\sqrt{2}$, 0), F′($-\sqrt{2}$, 0)

119. Translation : $t_{(-3, 1)}$

Équation de la parabole initiale : $y^2 + {^-8}x$

120. Orientation : axe focal horizontal.

Sommets : ($^-$4, 0) et (4, 0).

Asymptotes : $y + 3x$ et $y + {^-3}x$.

Foyers : ($4\sqrt{10}$, 0) et ($^-4\sqrt{10}$, 0).

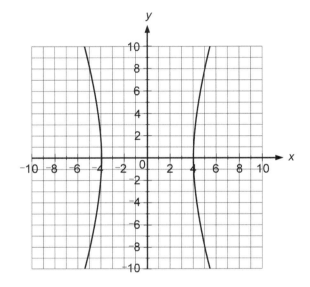

121. Orientation : axe focal horizontal.

Sommet : (1, $^-$2)

Ordonnées à l'origine : il n'y en a pas.

Paramètre c : 2

Droite directrice : $x + {^-1}$

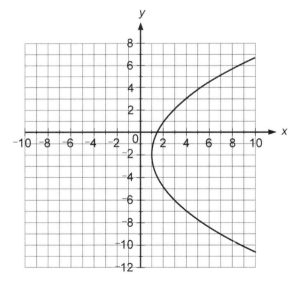

122. a) Il s'agit d'une ellipse dont l'équation est $\dfrac{x^2}{100} + \dfrac{y^2}{36} = 1$.

b) Il s'agit d'une hyperbole dont l'équation est $\dfrac{x^2}{144} - \dfrac{y^2}{25} = {-1}$.

c) Il s'agit d'une parabole dont l'équation est $(x - 5)^2 = {-16}(y - 2)$.

d) Il s'agit d'un cercle dont l'équation est $x^2 + y^2 = 64$.

e) Il s'agit d'une hyperbole dont l'équation est $\dfrac{x^2}{225} - \dfrac{y^2}{64} = {-1}$.

123. a) Non. c) Oui. e) Oui. g) Non.

b) Oui. d) Oui. f) Oui. h) Oui.

124. a) La droite est tangente à la conique au point (13, 5).

b) La droite est sécante à la conique aux points (13, 0) et (13,9985, ‑1,9970).

c) Aucun point de rencontre.

d) Aucun point de rencontre.

e) Aucun point de rencontre.

f) La droite est sécante à la conique aux points (‑3, 4) et (4, 3).

g) La droite est sécante à la conique aux points (‑12, 7) et (12, ‑7).

h) La droite est sécante à la conique aux points (6, 9) et (0, 18).

125. a)

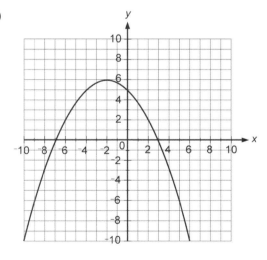

b)

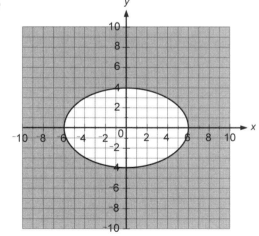

c)

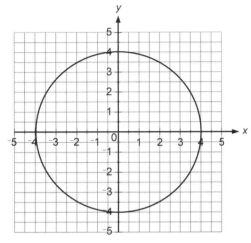

f)

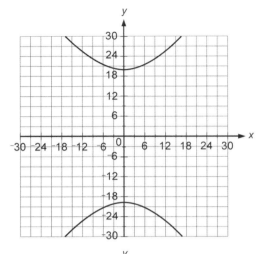

d)

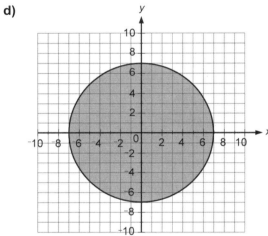

g)

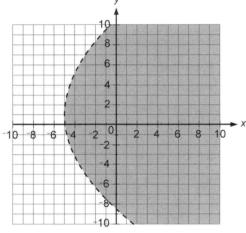

e)

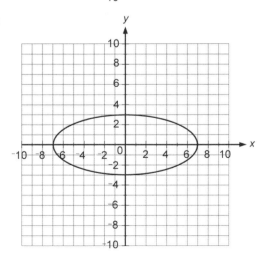

h)

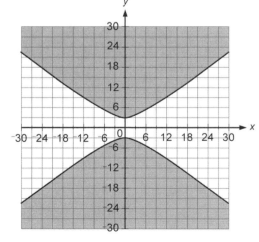

126. a) La solution est (5, 12).

   b) Les solutions sont (-7,94, 13,46) et (17,64, -2,98).

   c) Les solutions sont (7,78, 17,92) et (-11,785, 23,51).

   d) Les solutions sont (-4,99, 11,23) et (4,99, 11,23).

127. a) I_1(-0,49, 4,46), I_2(2,37, -4,11)   c) I_1(-2,83, 7,28), I_2(5,48, -5,57)

   b) I_1(1,62, -2,21), I_2(-2,82, 2,58)   d) I_1(3,66, 7,66), I_2(0,84, -3,66)

128. a) I_1(-5,68, 8,26), I_2(-0,81, -3,11)   c) $\varnothing$

   b) I_1(-4,16, -0,85), I_2(6,59, 3,93)   d) I_1(5, 4)

129. a) I_1(-8,144, 1,718), I_2(5,715, 4,44)   c) I_1(2,08, -8,98), I_2(4,31, 8,15)

   b) I_1(-42,47, 119,98), I_2(-2,37, 3,58)   d) I_1(-6,95, -8,05), I_2(4,23, -2,98)
   I_3(3,97, 9,71), I_4(20,86, 58,73)

130. a) Domaine : [-2, 6]   c) Domaine : [-4,35, 7,12]
   Image : [-2,79, 4,47]   Image : *[-1, $\sqrt{52}$]*

   b) Domaine : [-2,69, 3,29]   d) Domaine : [-4,61, 0,82]
   Image : [-2,34, 8,76]   Image : [-8, 0]

131. a) I_1(-2,98, -6,41), I_2(6,82, -1,88)   c) I_1(3,31, -3,24), I_2(5,3, 1,39)

   b) I_1(5,08, 4,96), I_2(25,6, 22,98)   d) I_1(0,53, 4,62), I_2(18,56, 27,25)

132. a) Domaine : [4,29, 8,63]   c) Domaine : *[-$\sqrt{37}$, 2]*
   Image : [-6,58, -2]   Image : [-6,07, 2,49]

   b) Domaine : [-7,54, -3,04]   d) Domaine : [-3,24, 7,41]
   Image : [-9,22, 0,64]   Image : [0, 6,1]

133. Il y a plusieurs combinaisons possibles pour maximiser la dose injectée au patient ou à la patiente. *Exemple :* 1 mL de solution A et 8 mL de solution B, 2 mL de solution A et 7 mL de solution B ou 3 mL de solution A et 6 mL de solution B.

134. Les cas $x \geq 0$ et $h \geq 0$ et $x \leq 0$ et $h \geq 0$:

Soit $f(x) = |x + h|$ et $g(x) = |x| + |h|$.

Puisque h est positif, la fonction $f(x)$ peut être représentée par une fonction valeur absolue de base translatée de h unités vers la gauche, tandis que la fonction $g(x)$ peut être représentée par une fonction valeur absolue de base translatée de h unités vers le haut. Les fonctions $f(x)$ et $g(x)$ ont la même ordonnée à l'origine, c'est-à-dire $(0, h)$.

On peut donc constater que $f(x) \leq g(x)$ peu importe la valeur de x.

Donc $|x + h| \leq |x| + |h|$.

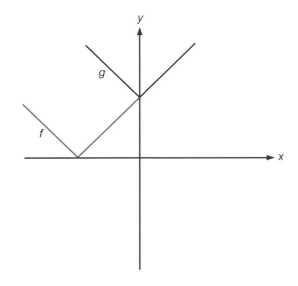

Les cas $x \geq 0$ et $h \leq 0$ et $x \leq 0$ et $h \leq 0$:

Soit $f(x) = |x + h|$ et $g(x) = |x| + |h|$.

Puisque h est négatif, la fonction $f(x)$ peut être représentée par une fonction valeur absolue de base translatée de h unités vers la droite, tandis que la fonction $g(x)$ peut être représentée par une fonction valeur absolue de base translatée de h unités vers le haut. Les fonctions $f(x)$ et $g(x)$ ont la même ordonnée à l'origine, c'est-à-dire $(0, h)$.

On peut donc constater que $f(x) \leq g(x)$ peu importe la valeur de x.
Donc $|x + h| \leq |x| + |h|$.

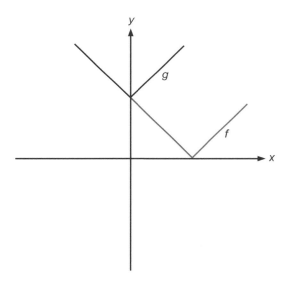

135. a) L'expression est $d_f = \dfrac{d_0 d_i}{d_i + d_0}$.

d) La distance entre l'image et la lentille est de 3,75 cm.

b) L'équation est $d_f = \dfrac{15 d_i}{d_i + 15}$.

c)

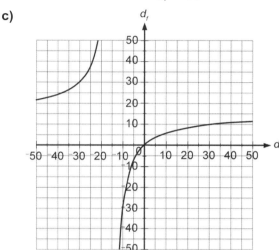

136. a) L'équation de la vitesse est $v + \sqrt{\dfrac{2E_c}{m}}$.

c) L'énergie cinétique du mobile est de 250 J.

b)

Vitesse de l'objet (m/s)

Énergie cinétique (J)

137. a) La puissance de la pile sera d'environ 928,2 V.

b) La puissance de la pile aura diminué de moitié après environ 190,62 jours.

c) Les astronautes doivent remplacer la pile après environ 633,21 jours.

138. a) L'équation est $I(t) = 30 \cos\left(\pi t + \dfrac{\pi}{2}\right)$ pour $t \geq 0$.

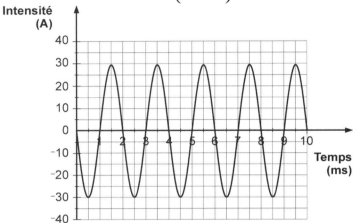

b) La fréquence de l'intensité de ce courant est de 0,5 par milliseconde.

c) Elle aura été supérieure ou égale à 9 A durant environ 4 s.

139. a) L'équation de la fonction est $F_m(a) = 220 - a$.

b) L'équation de la fonction est $F_c(a) = 0,3F_r - 0,7a + 154$.

c) Sa fréquence cardiaque cible est d'environ 156 battements par minute.

140. a) L'équation est $L(\alpha) = 60 \tan \alpha$, où α représente l'angle mesuré (en radians) et $L(\alpha)$ la longueur du curseur (en centimètres).

b) L'intervalle des angles α est d'environ 0,0831 rad à environ 0,6435 rad.

c)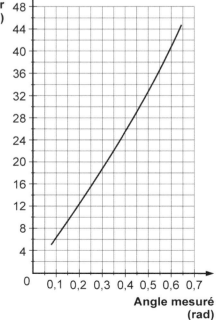

141. a) L'équation est $D(I) = 3 - \log(I)$ pour $I > 0$.

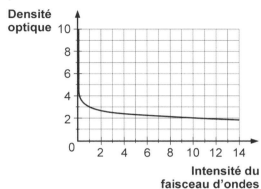

b) 1) L'intensité est d'environ 20,89 nm.

2) L'intensité est d'environ 3,55 nm.

3) L'intensité est d'environ 0,71 nm.

c) La densité optique est d'environ 0,48.

142. a) L'équation est $f(x) = 3500(0,1)^x$ pour $x > 0$, où x représente l'épaisseur (en centimètres) du matériau et $f(x)$ l'intensité radioactive (en grays) du rayon l'ayant traversé.

b) L'intensité radioactive initiale du rayon est de 3500 Gy.

c) L'épaisseur du matériau doit être d'environ 0,3 cm.

143. a) L'équation est $f(x) = \dfrac{x + 2}{x}$ pour $x > 0$, où x est la distance source-patient (en mètres), $x + 2$ la distance source-détecteur (en mètres) et $f(x)$ le facteur d'agrandissement.

b)

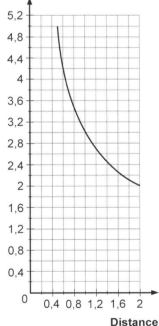

c) Il doit être situé à 1,6 m de la source.

144. a) L'équation est $f(x) = \dfrac{7\sqrt{5}}{5}\sqrt{x}$ ou $f(x) = \dfrac{7}{5}\sqrt{5x}$, où x est la profondeur de l'océan (en mètres) et $f(x)$ la vitesse du tsunami (en kilomètres par heure).

b)

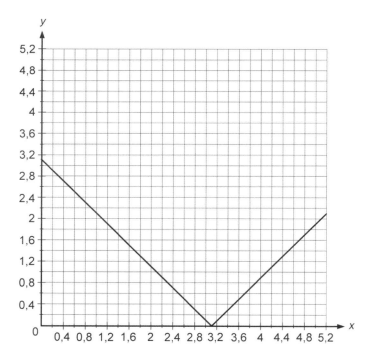

c) 1) La vitesse est d'environ 171,46 km/h.

2) La vitesse est d'environ 232,16 km/h.

3) La vitesse est d'environ 261,92 km/h.

145. a) L'équation est $f(x) = |x - 3,1|$ pour $x \geq 0$, où x est le volume expiratoire maximal par seconde en litres et $f(x)$ la différence, en valeur absolue, entre ce volume et 3,1 L.

b) Le patient ou la patiente devra subir d'autres examens si son volume expiratoire maximal est inférieur à 1,6 L par seconde ou supérieur à 4,6 L par seconde.

146. a) L'équation est $V(P) = \dfrac{36}{P}$, où

   P est la pression exercée sur le gaz (en pascals) et $V(P)$ le volume du gaz (en millilitres).

   b) Le domaine est $\mathbb{R}_+^*$.

   c)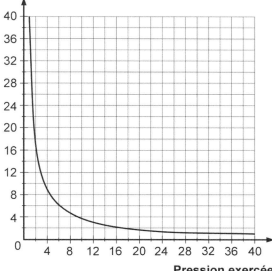
   Volume du gaz (mL)

   Pression exercée sur le gaz (Pa)

147. a) L'équation est $f(x) = \dfrac{x}{50} + 3$ pour $x > 0$, où x représente la pression atmosphérique (en millimètres de mercure) et $f(x)$ le courant (en milliampères).

   b) L'équation est $g(x) = \dfrac{15x - 225}{4}$ pour $x > 0$, où x représente le courant (en milliampères) et $g(x)$ la position du stylet encreur (en centimètres).

   c) La fonction est $h(x) = \dfrac{3x}{40} - 45$ pour $x > 0$, où x représente la pression atmosphérique (en millimètres de mercure) et $h(x)$ la position du stylet encreur (en centimètres).

   d) La fonction est $i(x) = \dfrac{40x + 1800}{3}$ pour $x > 0$, où x représente la position du stylet encreur (en centimètres) et $i(x)$ la pression atmosphérique (en millimètres de mercure).

148. **a)** Il s'agissait d'une orbite elliptique.

    b) L'équation est $\dfrac{x^2}{53\ 670\ 276} + \dfrac{y^2}{43\ 639\ 236} = 1$.

149. L'équation sera $\dfrac{x^2}{25} - \dfrac{y^2}{9} = 1$.

150.
$$\sin x + \cos x = \sin x + \sin\left(x + \frac{\pi}{2}\right)$$

$$= 2\sin\left(\frac{x + \left(x + \frac{\pi}{2}\right)}{2}\right)\cos\left(\frac{x - \left(x + \frac{\pi}{2}\right)}{2}\right)$$

$$= 2\sin\left(x + \frac{\pi}{4}\right)\cos\left(\frac{\pi}{4}\right)$$

$$= 2\sin\left(x + \frac{\pi}{4}\right)\left(\frac{\sqrt{2}}{2}\right)$$

$$= \sqrt{2}\,\sin\left(x + \frac{\pi}{4}\right)$$

151. **a)** L'équation est $(y - 8)^2 = 16x$.

    b) Le capteur est au point $(4, 8)$.

    c) La longueur de la trajectoire est de 23 unités.

152. Première trajectoire (orbite circulaire) : $x^2 + y^2 = 43\ 270\ 084$

    Deuxième trajectoire (orbite elliptique) : $\dfrac{x^2}{1\ 777\ 802\ 896} + \dfrac{y^2}{43\ 270\ 084} = 1$

    Troisième trajectoire (orbite circulaire) : $x^2 + y^2 = 1\ 777\ 802\ 896$

153. **a)**
$$\overrightarrow{MA} + \overrightarrow{MB} + \overrightarrow{MC} = \vec{0}$$
$$\overrightarrow{MA} + \overrightarrow{MA} + \overrightarrow{AB} + \overrightarrow{MA} + \overrightarrow{AC} = \vec{0}$$
$$3\overrightarrow{MA} + \overrightarrow{AB} + \overrightarrow{AC} = \vec{0}$$
$$\overrightarrow{AB} + \overrightarrow{AC} = {}^-3\overrightarrow{MA}$$
$$\overrightarrow{AB} + \overrightarrow{AC} = 3\overrightarrow{AM}$$
$$\frac{1}{3}\left(\overrightarrow{AB} + \overrightarrow{AC}\right) = \overrightarrow{AM}$$

    Cette relation vectorielle permet de conclure que le point M est unique, car il est situé au tiers du vecteur $\overrightarrow{AB} + \overrightarrow{AC}$.

b) A′ est le point milieu du segment $\overline{BC}$.

$\overrightarrow{AA'}$ est la médiane du triangle ABC issue de A.

$\overrightarrow{AB} + \overrightarrow{AC} = 2\overrightarrow{AA'}$, car les diagonales d'un parallélogramme se coupent en leur milieu.

Donc $\overrightarrow{AM} = \dfrac{2}{3}\overrightarrow{AA'}$, car $\dfrac{1}{3}\left(\overrightarrow{AB} + \overrightarrow{AC}\right) = \overrightarrow{AM}$.

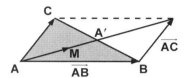

Les vecteurs $\overrightarrow{AM}$ et $\overrightarrow{AA'}$ sont colinéaires.

On peut donc conclure que les points A, M et A′ sont alignés et que M se situe aux $\dfrac{2}{3}$ de la médiane issue de A.

B′ est le point milieu de $\overline{AC}$.

$\overrightarrow{BB'}$ est la médiane du triangle ABC issue de B.

$\overrightarrow{BA} + \overrightarrow{BC} = 2\overrightarrow{BB'}$, car les diagonales d'un parallélogramme se coupent en leur milieu.

Il existe un seul point M satisfaisant la relation $\overrightarrow{MA} + \overrightarrow{MB} + \overrightarrow{MC} = \vec{0}$.

$$\overrightarrow{MA} + \overrightarrow{MB} + \overrightarrow{MC} = \vec{0}$$

$$\overrightarrow{MB} + \overrightarrow{BA} + \overrightarrow{MB} + \overrightarrow{MB} + \overrightarrow{BC} = \vec{0}$$

$$3\overrightarrow{MB} + \overrightarrow{BA} + \overrightarrow{BC} = \vec{0}$$

$$\overrightarrow{BA} + \overrightarrow{BC} = -3\overrightarrow{MB}$$

$$\overrightarrow{BA} + \overrightarrow{BC} = 3\overrightarrow{BM}$$

$$\dfrac{1}{3}\left(\overrightarrow{BA} + \overrightarrow{BC}\right) = \overrightarrow{BM}$$

$$\dfrac{1}{3}\left(2\overrightarrow{BB'}\right) = \overrightarrow{BM}$$

Donc $\overrightarrow{BM} = \dfrac{2}{3}\overrightarrow{BB'}$.

Les vecteurs $\overrightarrow{BM}$ et $\overrightarrow{BB'}$ sont colinéaires.

On peut donc conclure que les points B, M et B′ sont alignés et que M se situe aux $\dfrac{2}{3}$ de la médiane issue de B.

C′est le point milieu de $\overline{AB}$.

$\overrightarrow{CC'}$ est la médiane du triangle ABC issue de C.

$\overrightarrow{CA} + \overrightarrow{CB} = 2\overrightarrow{CC'}$, car les diagonales d'un parallélogramme se coupent en leur milieu.

Il existe un seul point M satisfaisant la relation $\overrightarrow{MA} + \overrightarrow{MB} + \overrightarrow{MC} = \vec{0}$.

$\overrightarrow{MA} + \overrightarrow{MB} + \overrightarrow{MC} = \vec{0}$

$\overrightarrow{MC} + \overrightarrow{CA} + \overrightarrow{MC} + \overrightarrow{CB} + \overrightarrow{MC} = \vec{0}$

$3\overrightarrow{MC} + \overrightarrow{CA} + \overrightarrow{CB} = \vec{0}$

$\overrightarrow{CA} + \overrightarrow{CB} = -3\overrightarrow{MC}$

$\overrightarrow{CA} + \overrightarrow{CB} = 3\overrightarrow{CM}$

$\dfrac{1}{3}\left(\overrightarrow{CA} + \overrightarrow{CB}\right) = \overrightarrow{CM}$

$\dfrac{1}{3}\left(2\overrightarrow{CC'}\right) = \overrightarrow{CM}$

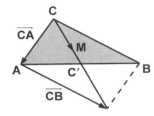

Donc $\overrightarrow{CM} = \dfrac{2}{3}\overrightarrow{CC'}$.

Les vecteurs $\overrightarrow{CM}$ et $\overrightarrow{CC'}$ sont colinéaires.

On peut donc conclure que les points C, M et C′ sont alignés et que M se situe aux $\dfrac{2}{3}$ de la médiane issue de C.

Puisque le point M est situé sur chacune des médianes, on peut conclure qu'il est situé à l'intersection de ces dernières.

154. a) Soit un triangle ABC et $\overrightarrow{AM}$ la médiane issue de A.

M est donc le point milieu de $\overrightarrow{BC}$ et $\overrightarrow{BM} = \overrightarrow{MC}$.

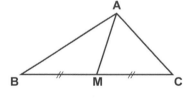

$\overrightarrow{AB}^2 + \overrightarrow{AC}^2 = \overrightarrow{AB}^2 + \overrightarrow{AC}^2$

$\qquad = \left(\overrightarrow{AM} + \overrightarrow{MB}\right)^2 + \left(\overrightarrow{AM} + \overrightarrow{MC}\right)^2$

$\qquad = \left(\overrightarrow{AM} - \overrightarrow{BM}\right)^2 + \left(\overrightarrow{AM} + \overrightarrow{BM}\right)^2$

$\qquad = \left(\overrightarrow{AM}^2 - 2\overrightarrow{AM} \cdot \overrightarrow{BM} + \overrightarrow{BM}^2\right) + \left(\overrightarrow{AM}^2 + 2\overrightarrow{AM} \cdot \overrightarrow{BM} + \overrightarrow{BM}^2\right)$

$\qquad = 2\overrightarrow{AM}^2 + 2\overrightarrow{BM}^2$

$\qquad = 2\overrightarrow{AM}^2 + 2\overrightarrow{BM}^2$

b) Soit M le point milieu de $\overrightarrow{AB}$ et $\overrightarrow{CM}$ la médiane du triangle rectangle ABC issue de C.

$\overrightarrow{CA} + \overrightarrow{CB} = 2\overrightarrow{CM}$, car les diagonales d'un rectangle se coupent en leur milieu.

Donc $\overrightarrow{CM} = \dfrac{1}{2}\left(\overrightarrow{CB} + \overrightarrow{CA}\right)$.

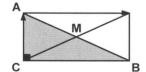

155. La force normale $\vec{n}$ est d'environ 4,79 N.

156. a) Les vecteurs sont $\vec{I_1}$ = (5,987, 4,350) et $\vec{I_2}$ = (4,507, 8,476).

b) La norme de l'intensité absorbée par l'installation est d'environ 16,572 A et l'angle de déphasage d'environ 50,71°.

157.

Affirmation :	Justification :
m∠ABE = π − β	Deux angles adjacents ayant leurs côtés extérieurs en ligne droite sont supplémentaires.
m∠AEB = π − (α + π − β) = β − α	La somme des angles intérieurs dans un triangle est de 180°, soit π rad.
Distance entre l'astre E et le point B :	Selon la loi des sinus dans le triangle ABE.

$$\frac{\sin \alpha}{m\overline{EB}} = \frac{\sin(\beta - \alpha)}{x}$$

$$m\overline{EB} = \frac{x \sin \alpha}{\sin(\beta - \alpha)}$$

Hauteur de l'astre :

Selon la définition du sinus dans le triangle rectangle ACE.

$$\sin \beta = \frac{h}{m\overline{EB}}$$

$$h = m\overline{EB} \sin \beta$$

En remplaçant $m\overline{EB}$ par sa valeur.

$$h = \frac{x \sin \alpha}{\sin(\beta - \alpha)} \sin \beta$$

Selon le sinus de la différence de deux mesures d'angles.

$$h = \frac{x \sin \alpha \sin \beta}{\sin \beta \cos \alpha - \sin \alpha \cos \beta}$$

158. L'équation de la fonction résultante est $f(t) = 12,8948 \sin(3t + 0,6849)$.

159. a) La fonction est $P(\theta) = \cos \theta$.

b)

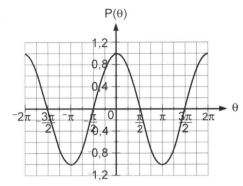

c) Composante horizontale du vecteur $\vec{u}$:

$x_{\vec{u}} = \cos \alpha$

Composante verticale du vecteur $\vec{u}$:

$y_{\vec{u}} = \sin \alpha$

Composante horizontale du vecteur $\vec{v}$:

$x_{\vec{v}} = \cos \beta$

Composante verticale du vecteur $\vec{v}$:

$y_{\vec{v}} = \sin \beta$

On peut calculer le produit scalaire de deux vecteurs à l'aide de la relation $\vec{u} \cdot \vec{v} = \|\vec{u}\| \cdot \|\vec{v}\| \cdot \cos \theta$.

On sait que les normes de $\vec{u}$ et $\vec{v}$ sont égales à 1, car ce sont deux vecteurs unitaires.

On a $\theta = \beta - \alpha$.

$\vec{u} \cdot \vec{v} = \|\vec{u}\| \cdot \|\vec{v}\| \cdot \cos \theta$

$\vec{u} \cdot \vec{v} = 1 \cdot 1 \cdot \cos(\beta - \alpha)$

$\vec{u} \cdot \vec{v} = \cos(\beta - \alpha)$

$\vec{u} \cdot \vec{v} = \cos \beta \cos \alpha + \sin \beta \sin \alpha$

$\vec{u} \cdot \vec{v} = x_{\vec{v}}x_{\vec{u}} + y_{\vec{v}}y_{\vec{u}}$

Le produit scalaire de deux vecteurs correspond donc à la somme du produit de leurs composantes verticales et du produit de leurs composantes horizontales.

160. a) Il faut démontrer que les droites interceptent la parabole en un seul point.

Il faut résoudre les systèmes d'équations suivants.

Point A :

$y = \dfrac{x^2}{10}$

$y = -2x - 10$

Par comparaison, on obtient A(-10, 10).

Point B :

$y = \dfrac{x^2}{10}$

$y = 2x - 10$

Par comparaison, on obtient B(10, 10).

Donc, les droites d'équations $y = 2x - 10$ et $y = -2x - 10$ sont tangentes à la parabole. Les coordonnées des points d'intersection sont A(-10, 10) et B(10, 10).

b) L'équation est $f(x) = 2|x| - 10$.

c) L'angle d'ouverture du cône est d'environ 53,13°.

d) La distance focale est de 2,5 dm.

161. a) L'équation est $V(g) = \sqrt{10g}$
pour $g \geq 0$, où g est l'attraction
gravitationnelle (N) et $V(g)$
la vitesse minimale (m/s).

b) La vitesse minimale nécessaire
est de 5 m/s.

c) L'équation de la tangente est
$y = \dfrac{-4x + 50}{3}$.

d)

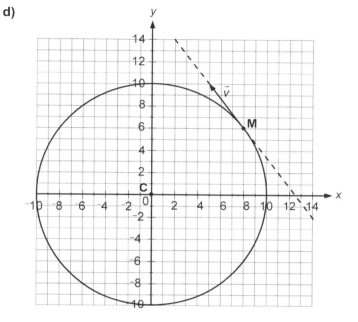

162. a) L'équation du cercle de
polarisation est $x^2 + y^2 = 289$.

b) L'équation est $h(\theta) = 17 \cos \theta$,
où θ représente l'orientation
du vecteur (en radians) et $h(\theta)$
la composante horizontale
du vecteur.

c)

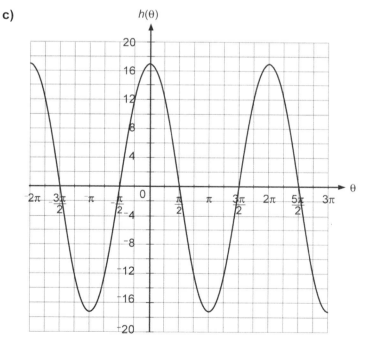

163. a) La position du barycentre est
$\vec{PG} = \dfrac{m}{6+m}\,\vec{PS}$.

b) L'équation est $\|\vec{PG}\| = \dfrac{100\,m}{6+m}$
pour $m > 0$, où m est la masse
du satellite (yg).

c) Voir le graphique ci-contre.

d) La masse du satellite est de 2 yg.

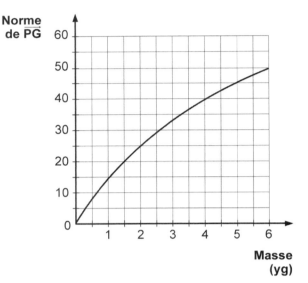

Norme de $\vec{PG}$ / Masse (yg)

164. a) Les paramètres a et b doivent être égaux.

b) L'équation simplifiée d'une hyperbole équilatère est $x^2 - y^2 = a^2$.

c) Les coordonnées du point P' seront $\left(\dfrac{\sqrt{2}}{2}\,x - \dfrac{\sqrt{2}}{2}\,y,\ \dfrac{\sqrt{2}}{2}\,x + \dfrac{\sqrt{2}}{2}\,y \right)$.

d) L'équation est $y = \dfrac{-a^2}{2x}$.

e) Il s'agit d'une fonction rationnelle.

165. a) Le gain de l'antenne est d'environ 16,36 dB.

b) Le gain augmente d'environ 6,0206 dB.

166. a) L'équation est $x(t) = 5\cos\left(\dfrac{2}{3}t + \pi \right)$.

b) Le système passera cinq fois par sa position initiale.

c) Il s'agit d'une ellipse d'axe horizontal où $a = \sqrt{\dfrac{E_m}{2}}$ et $b = \sqrt{\dfrac{2E_m}{9}}$. Les coordonnées
de ses foyers sont $\left(-\sqrt{\dfrac{5E_m}{18}},\ 0 \right)$ et $\left(\sqrt{\dfrac{5E_m}{18}},\ 0 \right)$.

167. a) L'équation de la trajectoire est $x^2 + y^2 = l^2$.

b) La longueur de la trajectoire du pendule pour une oscillation est d'environ 33,32 cm.

c) La vitesse moyenne de la masse est d'environ 0,04 m/s.

168. a) Le pouvoir de résolution est d'environ 4,99°.

   b) Le diamètre serait de 91 500 m.

169. a) L'équation est $r = k\sqrt{\dfrac{m}{d}}$.

   b) L'équation est $x^2 + y^2 = k^2\dfrac{m}{d}$.

170. a) L'aquarium doit mesurer 2,93 m de longueur, 2,93 m de largeur et 2 m de hauteur.

   b) Bernard doit multiplier par environ 5,01 la concentration actuelle d'ions hydrogène.

   c) Le nombre d'individus des deux espèces sera égal après environ 3,17 années (soit après environ 3 ans et 2 mois).

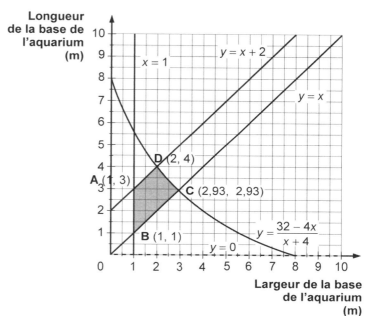

Notes personnelles

Notes personnelles

Notes personnelles

Notes personnelles

Notes personnelles